**专著写作人员名单：**

陈立生　廖　欣　王水莲　张　磊　黄旭文　史亚博
陈　晨　刘建文　曹玉娟　刘曙华

# RCEP 背景下构建
# 湘桂向海经济走廊研究

陈立生　廖欣　等著

人民出版社

# 序

我国自 1996 年制定实施《中国海洋 21 世纪议程》以来，日益重视海洋的保护与利用。尤其是党的十八大首次提出"海洋强国"战略，党的十九大报告再次指出，"坚持陆海统筹，加快建设海洋强国"，使建设海洋强国成为中国特色社会主义事业的重要组成部分。2017 年 4 月与 2021 年 4 月，习近平总书记两次考察广西时均强调发展"向海经济"。"向海经济"将成为建设海洋强国的重要模式。

在"一带一路"倡议深入推进、RCEP 签署并将付诸实施以及国家构建"双循环"新发展格局的大背景下，对于向海经济发展提出了新的要求。湘桂山水相连、交通互联，在此背景下提出构建并加快湘桂向海经济走廊，具有创新性和实际意义。广西社会科学院党组书记、院长陈立生等著的《RCEP 背景下构建湘桂向海经济走廊研究》是我目前看到的第一本研究湘桂向海经济走廊的系统性著作，体现出以下特点：

其一，在古老的湘桂走廊基础上，阐述了现代的向海经济发展的重要意义，提出了湘桂向海经济走廊建设的基本内容。

其二，将国内区域合作与国际区域合作有机结合。本书详细分析了 RCEP 对湘桂向海经济的重要机遇、RCEP 生效中湘桂向海经济走廊的战略功能、RCEP 框架下湘桂向海经济走廊在广西区域合作的战略地位。指出，湘桂向海经济走廊将成为长江中游城市群—北部湾经济区—东盟经济圈经济带建设的重要推动力，呼应了国家构建"双循环"新发展格局的要求。

其三，将理论性与实用性相结合。本书以推动向海经济与区域经济高质量协调发展为目标，综合运用了经济增长极理论与区域经济一体化理论等理论方法，进行了多方位的分析研究。提出的对策建议，如"湘桂向海经济核心城镇组团""共建点轴型湘桂向海城镇圈"等概念，拓展了区域经济和国际关系相关理论，赋予了构建湘桂向海经济走廊的可操作性。

RCEP 签署后使得东盟成为中国优先合作地区，需要一条走向东盟的最便捷的出海通道。构建湘桂向海经济走廊就是推进陆海统筹的一个重要步骤，对贯彻落实国家战略、建设海洋强国、促进区域经济协调发展、高质量推进对外开放等具有实际意义。

我建议，今后有可能时还可进一步对这条通道及其腹地范围内经济发展的诸要素进行评价，并结合湘粤间、西江沿岸及南昆铁路沿线等交通经济带的发展对湘桂向海经济带发展的影响作出具体的预估。

本书具有学术价值和决策参考价值，有前瞻性，值得一读。

是为序。

中国科学院 陆大道

2021 年 12 月

# 目　录

# 前　言

　　湖南省（以下简称"湘"）与广西壮族自治区（以下简称"桂"或者"广西"）相邻，合作交流源远流长，在"丝绸之路经济带"和"21世纪海上丝绸之路"（以下简称"一带一路"）建设深入推进、区域全面经济伙伴关系协定（Regional Comprehensive Economic Partnership，RCEP）签署并付诸实施，以及国家构建国内国际双循环新发展格局的大背景下，共同建设湘桂向海经济走廊，是推进陆海统筹的重大步骤，对于贯彻落实国家建设海洋强国战略、促进区域经济协调发展、高质量推进对外开放，以及立足区域协同联动发展、融入国内国际双循环新发展格局等具有重要意义。在RCEP背景下，把握湘桂向海经济走廊的发展机遇，抓住湘桂向海经济走廊建设的着力点，探求行动路径和推进措施，已成为湘桂两省区实现经济高质量发展的重要议题。2017年4月与2021年4月，习近平总书记两次考察广西时均强调发展"向海经济"。因此，"向海经济"将成为建设海洋强国的重要模式。而构建湘桂向海经济走廊，既有利于推进长江经济带与北部湾经济区、东盟经济圈有效联通，又有利于湖南拓展出海通道，加快出海出边步伐，深化与东盟的合作，更好地融入全国海洋经济发展大局，为实施"三高四新"战略提供有力支撑，更有利于广西发挥西南中南地区的战略支点作用。专著以习近平建设海洋强国、发展向海经济和区域经济等系列论述为指导，以推动向海经济与区域经济高质量协调发展为目标，运用经济增长极理论、点轴开发理论、集散效应理论、区域经济一体化理论等方法，通过分析 RCEP 框架下湘桂向海经济走廊的战略地位、发展与合作现状、RCEP 支撑条件、面临的制约和合作领域的选择，提出推进湘桂向海经济走廊建设的路径，为促进区域经济与海洋经济以及向海经济高质量协调发展，提供可资借鉴的经验。

# 第一章
## 湘桂走廊与向海经济概述

伴随着湘桂走廊的不断变迁，其交通要道功能、文化传承功能和经济发展功能愈加凸显，湘桂走廊的范围随之拓展。随着经济社会的发展，其经济功能不断增强，经济版图也不断拓容。

### 一、湘桂走廊的变迁

湘桂走廊自古以来兼具交通要道、文化传承和经济发展之功能。湘桂走廊原指越城岭与都庞岭和海洋山之间的河谷平原，是中原和湘楚人口南迁的交通要冲，是文化传播到岭南的重要通道，更是古代兵家必争之要地。中国历史上三次大规模的汉人逃难南迁的移民浪潮，每次都有相当多的汉人从水陆便利的湘桂走廊经过进入岭南地区，有些就定居在湘桂走廊地区。在古代的秦朝、唐朝和明清时期，湘桂走廊一直都是军事要冲，几乎每年都有大量汉民以屯军的方式移居到湘桂走廊，并将中原和湘楚文化传入岭南。随着中原文化、湘楚文化、三苗文化和百越文化在湘桂走廊碰撞、融合，形成了内涵丰富的多元文化交融地区和交通要冲区域。

### (一) 湘桂古道的缘起

湘桂古道，亦称"湘桂历史古道"，包含湘桂、潇贺两大古道。在历史上，第一古道是湘桂古道。它始于广西桂林，经灵川、兴安、全州而穿越城岭、海洋山，延伸至湖南的永州、零陵、东安等地，形成一条狭长的陆路通道；并通过开挖、修建灵渠将漓江与湘江上游的海洋河相连接，形成了贯通珠江、长江水系的湘桂水路通道。该古道有长达 500 多年的鼎盛时期，公元前 218 年，秦始皇挥师南下、平定岭南，"又以卒凿渠而通粮道，以与越人战"，后来将北部湾地区归属象郡。秦末，南海龙川县令赵佗建立以中原移民为核心、兼有百越各部的南越国。公元前 111 年，汉武帝征服南越，将南越分为九郡，在交趾地区设立交趾、九真、日南三郡，中原人也不断移居交趾地区，西瓯与骆越日益分离并逐步向西向南迁移，该古道发挥了重要的交通作用。

第二古道是潇贺古道。它连接潇水与贺江（在封开入西江），是海陆丝绸之路与中原相通的重要通道，也是南岭民族迁徙走廊之一，分东、西两条干道。东道修筑于春秋战国时期的桂岭通楚古道，从湖南江华瑶族自治县境内的大圩，经贺州市八步区开山镇、桂岭镇，将桂岭河与贺江相连接；西道是秦朝时期的"新道"，从湖南江永，穿过谢沐关，至广西富川古城而入贺江。两条干道经水路在临贺古城（今贺街）汇合，东通珠江入大海；西进西江经北流江（藤县）、南流江与合浦港相连。

湘桂古道被盛誉为"南方丝绸之路"。它既是官道，也是商道，曾在长江、珠江流域和海上丝绸之路上发挥着巨大的作用，推动了我国对外贸易与人文交流。唐朝以前，它一直是中国与东南亚国家交往的主要交通大动脉，船只通过修建运河沿海岸航行，与周边进行人文、商贸交流。唐代咸通年间（公元860—874年），安南节度使高骈募工在防城港江山半岛修建潭蓬古运河，将防城港与珍珠港连通，海水涨潮时可以通航。在地理位置上，长江—湘江—灵渠、湘桂古道、潇贺古道—漓江、贺江—西江—北流江—南流江—合浦港、徐闻港，是古代中原地区到东南亚国家最近、最便捷的出海通道。《广西壮族自治区北海市地名志》记载："北海港是古合浦港的一部分，我国古代'海上丝绸之路'的起点之一，远在西汉便开始对外贸易。""宋朝时期南漍港（即古里寨）是与交趾（安南）贸易的重要港口，交趾国王、使节及贡品乘海船经本港进入南流江，辗转抵达中原。"历史上，北部湾是中原地区对外贸易的重要通道，合浦港是我国最早的对外贸易港口之一。

湘桂古道的历史文化积淀厚重。自秦汉时期到民国，湘桂古道上的各类工程经过无数次拓修扩建，沿线遗存有大量相对完整的古村落、古城庙、古关口、古路桥等，比如以兴安灵渠、全州汉代洮阳城遗址、东安渌埠头、永州、零陵古城、祁阳浯溪碑林为代表的古迹群落。在湘桂古道上，灵川县长岗古村有几户人家，靠这条古道贩盐发家，并且留有用精细手工砌墙形成的古老房子，正是商道的历史佐证。据相关资料考证，自宋代起，尤其是明清两代，湘桂民间商贸日渐昌盛。如灵川江头古村遗址体现了桂北儒家文化传统，而长岗古村遗址则是桂北商贾文化遗存，湘桂古道永州段堪称古代交通线路的露天博物馆。这些蕴含着厚重的历史文化，人文资源荟萃，古迹丰富繁多，为湘桂古道旅游合作和乡村旅游发展奠定了良好的基础。

（二）湘桂走廊的范围拓展

随着历史变迁，湘桂古道由先前单一的交通功能逐渐向交通运输、人文交流、文化传承、旅游发展等功能延伸，逐渐扩展成为现代化、多功能的湘桂走廊，内涵与范围不断丰富发展。其一，交通运输条件已大为改善。随着技术与生产的发展，湘桂走廊已从最初的河流水路、狭窄的官道和商道，逐渐向平坦的马路、公路甚至现代化的交通条件转变，流动的不再是小型车船、骡马商队、肩挑商贩。现阶段湖南的长沙、衡阳、株洲、湘潭、邵阳、怀化、常德、岳阳等城市与广西的桂林、柳州、来宾、贺州、梧州、南宁等城市都有高速公路和高速铁路连接，许多城市成为铁路与公路交通的关键枢纽，湘桂走廊早已形成了现代化的交通条件。比如，除了湘桂、洛湛铁路之外，南宁—柳州—桂林—衡阳—长沙已建成高速公路，以及时速 250 千米/时的高铁，贵广高铁经过贺州、桂林，湖南省内湘江和资江均通航广西。其二，基础设施保存较好。长沙市、桂林市是国家历史文化名城，走廊沿线古镇、古村、古迹点多面广且保存完好，历史文化底蕴十分厚重。自然与人文旅游基础较好，尤其是红色旅游资源点多线长，湘江战役纪念设施较多。沿线生态资源好，生物多样性丰富，森林覆盖率高达 60%，区域内长寿资源集中，贺州市是我国唯一的长寿之市，桂林市的永福县、阳朔县、恭城瑶族自治县，南宁市的上林县、马山县，来宾市的金秀瑶族自治县、象州县，钦州市的浦北县，崇左市的扶绥县、龙州县，防城港市的东兴市都是我国知名的长寿县（市）。

湘桂走廊的地理范围不断扩展。从原先的两大古道上相连的地点，向更大范围的区域扩展，涉及广西、湖南甚至周边省份的大部分区域。主要的核心枢纽城市有南宁、桂林、北海、崇左、长沙、湘潭、衡阳、永州等。南宁市是中国—东盟博览会永久举办地、"联合国人居奖"城市、国家生态园林城市；桂林市是国际旅游胜地和国家旅游综合改革试验区；北海市是国家历史文化名城、沿海开放城市；崇左市是中国通往东盟最便捷的陆路大通道城市及边关旅游城市；长沙市是首批公布的历史文化名城、全国两型社会建设综合配套改革试验区核心城市；湘潭市是全国红色旅游融合发展示范区；衡阳市是国家服务业综合配套改革试点城市、国家生态文明先行示范区、列为国家自然与文化遗产的双名录城市。

湘桂走廊的现代交通元素愈发明显。新时期，湘桂走廊被现代高铁、高速公路、大型港口、国际机场等交通元素所代替，这些现代化的交通干线必将成为支撑湘桂经济走廊发展的重要架构。泉南高速公路、湘桂铁路、洛湛铁路、玉铁铁路，以及正在建设的呼南高铁、包海高铁等已经取代了古代的水路、官道和骡马运输。2017 年 12 月，中欧班列(中国南宁—越南河内) 跨境集装箱直通班列实现双向对开，每周两列常态化运营，打通了中国中西部地区经凭祥对接东盟各国的铁路运输大通道。新开通青岛—凭祥—越南、广州—河内等国际班列专线，助推广西拓展陆铁空"多式联运"，打造多式联运跨境运输新通道。目前，钦州港新增 12 个泊位、开通了 40 多条海上航线，从越南海防、马来西亚关丹到印度尼西亚、新加坡等，与 90 多个国家和地区的 200 多个港口进行贸易交往，组建了农产品、成油品、国际集装箱、汽车装配、港口货运等一体化通关的快速物流服务体系。广西北部湾地区的商贸通道海陆并进，高速公路、铁路和大港口互联互通，汽车、列车、轮船齐头并进，以多式联运和国际性为特征的国际陆海贸易新通道基本形成并不断完善。在新时代，湘桂走廊承担着新使命，在继承湘桂古道历史文化的基础上，正在不断创新和发展，逐渐成为湖南、江西等中南地区开放发展新的战略支点，为建立湘桂向海经济走廊奠定了良好的基础。

### （三）湘桂走廊的经济版图拓容

新时代，湘桂走廊在流通对象方面逐渐从商贸物流—文旅服务—工业制造进行延伸，在区域经济发展方面逐步从内陆经济—沿江经济—向海经济开展拓容，经济版图越来越大。

目前，湘桂走廊主要以湘桂铁路为轴线，向北经永州、衡阳至长沙，向南经桂林、柳州、南宁至广西北部湾经济区，贯穿湖南和广西全境（见图1–2）。依托湘桂铁路、广西沿海铁路可以抵达中越边境城市凭祥、广西北部湾港，沿潇贺古道即现在的洛湛铁路（益阳—娄

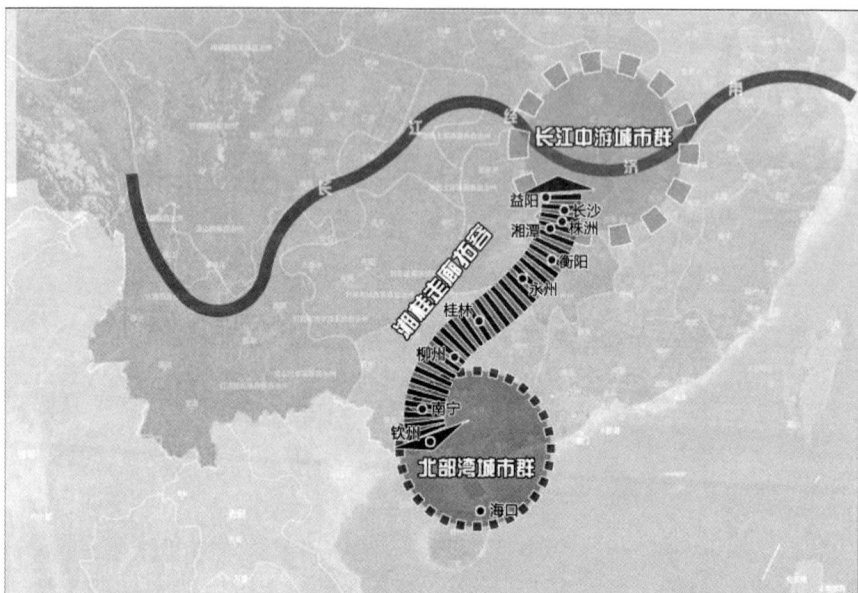

图1–2　湘桂走廊的经济版图拓容图

底—永州—贺州—梧州）抵达广东的湛江、番禺等出海口，形成覆盖面积超过 24 万平方千米的经济区域。包括广西的来宾、柳州、桂林、贺州以及广西北部湾经济区的南宁、钦州、北海、防城港、崇左，湖南的永州、衡阳、邵阳、娄底以及长株潭城市群的长沙、湘潭、株洲三市等，总面积约 25.5 万平方千米，2020 年总人口约 7587.83 万人，其中，广西 14.5 万平方千米、人口 3302.44 万人，湖南 10.7 万平方千米、人口 4285.39 万人（见表 1-1）。

表 1-1　2020 年湘桂走廊基本情况

| 序号 | 城市 | 土地面积（平方千米） | 常住人口（万人） |
|------|------|------|------|
| 1 | 桂林 | 27622.89 | 493.12 |
| 2 | 柳州 | 18667.44 | 415.79 |
| 3 | 来宾 | 13411.06 | 207.46 |
| 4 | 贺州 | 11771.54 | 200.79 |
| 5 | 梧州 | 12588.28 | 282.10 |
| 6 | 南宁 | 22111.98 | 874.16 |
| 7 | 钦州 | 10820.85 | 330.22 |
| 8 | 北海 | 4016.07 | 185.32 |
| 9 | 防城港 | 6181.19 | 104.61 |
| 10 | 崇左 | 17345.47 | 208.87 |
| 小计 | | 144536.80 | 3302.44 |

资料来源：2020 年广西和湖南两地的国民经济和社会发展统计公报。

新时代湘桂走廊是在交通干线（湘桂铁路、洛湛铁路、玉铁铁路、泉南高速公路、水路等）的基础上，连接长株潭城市群和北部湾城市群形成的经济走廊，重点主线为长株潭—衡阳—永州—桂林—柳州—来宾—南宁—钦州—北海—防城港，同时通过益阳—娄底—邵阳—永州—贺州—梧州—玉林—铁山港，依托洛湛铁路、玉铁铁路、湘桂铁路南宁—凭祥延长线和南友高速公路，构成湖南、江西等中南地区出海出边交通大通道，成为这些地区开放发展新的战略支点。在"一带一路"建设中，国家将广西定位为"面向东盟区域的国际通道，西南、中南地区开放发展新的战略支点，21 世纪海上丝绸之路与丝绸之路经济带有机衔接的重要门户"，这正是将西南、中南地区与广西北部湾经济区对接起来，打造西南、中南地区南向贸易通道的发展战略，与古代南方丝绸之路经湘桂古道通往北部湾畔合浦港，经潇贺古道通往番禺出海口的走向基本吻合。因此，湘桂走廊与湘桂古道有着天然的继承和发展关系。在百年未有之大变局的时代背景下，推进湘桂向海经济走廊建设，既是传承湘桂古道的历史文化精神，也是推进新时代中南地区开放发展新通道建设的重要措施。

新时代建设湘桂向海经济走廊的发展机遇良多。比如"一带一路"规划的中国—中南半岛经济走廊已经实施，西部陆海新通道进入常态化运营；党的十九大部署的乡村振兴战略将进一步促进湘桂古道沿线乡村旅游、乡村经济发展；呼南高铁、包海高铁破土动工建设也将改善湘桂走廊的交通条件，进而拉动湘桂经济向海走廊沿线经济发展。与此同时，湘桂走廊沿线上厚重的历史文化及遗迹、丰富的人文资源为文旅服务提供了基础条件。沿线古迹遗存比较完整，文旅价值潜力巨大。通过挖掘和保护古道沿线的遗址遗迹、人文典故、非物质文化遗产等的历史文化价值，建设一批博物馆、戏剧团、实景演出等湘桂历史古道文化展示平台，结合落实新时代的乡村振兴战略，以湘桂古道旅游振兴乡村，促进农业和农村发展，让湘桂历史古道重新焕发昔日荣光，使其历史文化价值和对外开放精神在新时代得以继承和发展。

在"一带一路"倡议下，广西北部湾列入中国—中南半岛经济走廊的重要组成部分,是我国中南地区连接中南半岛国家最便捷的双向海陆经贸大通道。现阶段建设湘桂经济走廊,打造湘桂商贸、物流、工业等多功能经济通道,会加快实现我国向海经济政策的高质量实现。一方面,加快完善国际陆海贸易新通道基础设施建设,重点以钦州港和新加坡港为节点,构建长沙—南宁—钦州港—新加坡港海陆联运的中南地区出海大通道,辐射"一带一路"沿线国家和地区;另一方面,依托中国—东盟自由贸易区、国际陆海贸易新通道合作机制、澜沧江—湄公河合作机制、中越合作机制,促进北部湾地区与周边国家和地区的经济技术交流与合作,不断推动湘桂经济走廊商贸、物流、工业一体化发展,实现从沿江到向海经济的全面转型。

(四)湘桂向海经济走廊的界定及其与湘桂走廊的密切关系

1.湘桂向海经济走廊的界定。湘桂向海经济走廊,是指以长株潭城市群、北部湾城市群为枢纽,以湘桂铁路和洛湛铁路(湘桂段)为轴线,以沿线重要节点城市为核心覆盖区的开放型经济走廊。构建湘桂向海经济走廊,就是要在"一带一路"建设深入推进、RCEP 签署并将付诸实施以及国家构建"双循环"新发展格局的大背景下,通过立足于新时代西部大开发、西部陆海新通道建设,加快发展向海经济,推动沿海与内陆互动、国内与国外结合,探索向海经济发展新模式,高质量推进区域经济协调发展,并通过湘桂向海经济走廊建设,形成长江中游城市群—北部湾经济区—东盟经济圈经济带。

2.湘桂向海经济走廊与湘桂走廊的密切关系。湘桂走廊是在湘桂古道的基础上,由湘桂古道先前的交通功能逐渐向交通运输、人文交流、文化传承、旅游发展等功能延伸,逐渐扩展成为现代化、多功能的湘桂走廊,而且其内涵与范围正在不断丰富发展与延伸。湘桂走廊目前已经成为以湘桂铁路为轴线，向北经永州、衡阳至长沙，向南经桂林、柳州、南宁至广西北部湾经济区，贯穿湖南和广西全境的大动脉。构建湘桂向海经济走廊，实际上就是利用贯穿湖南和广西全境的现代化、多功能的湘桂走廊大动脉，通过发展向海经济，使内陆地区的区域经济与海洋经济相结合，通过发展"大进大出"的临港产业带、高端海洋装备和深海生物技术等高深技术和加工技术，推动沿海区域带动内陆腹地区域面向海洋发展经济，挖掘海洋发展潜力，拓宽海洋发展空间，保护海洋生态环境，挖掘和培育海洋文化及商贸文化，促进内陆经济与海洋经济高质量互动发展，推动此岸经济与彼岸经济触合发展，助力陆地文化与海洋文化、海洋此岸文化与彼岸文化大融合与大发展，从而使湘桂走廊向四面八方发展延伸，形成湘桂向海经济走廊，从而形成长江中游城市群—北部湾经济区—东盟经济圈经济带。

3. "向海经济"理论为"构建湘桂向海经济走廊"提供强有力的理论支撑。向海经济具有经济性，它是经济发展的新导向和新模式，它能有效发挥海洋经济资源与陆地经济资源的双向互动作用，优化海陆双向产业布局，合理调整陆地与海洋经济结构比例，集聚海洋经济和区域经济方面的科技、人才、管理模式、金融、信息等要素，以统筹发展区域经济与海洋经济，完善现代产业体系，推动区域经济与海洋经济高质量协调发展。向海经济具有开放性，发展向海经济就是要由陆及海、以海带陆、以陆促海、统筹陆海、协调此岸与彼岸，符合共建"21世纪海上丝绸之路"和"丝绸之路经济带"建设要求，能有效衔接陆域开放通道与海上开放通道，促进区域经济一体化和经济全球化。向海经济具有国家安全性，它是维护和争取国家海洋权益的重要支撑和抓手，是开发利用公海空间，促进公海空间科学研究和资源开发的推动力。因此，向海经济是建设海洋强国和经济发展的新导向和新模式，它将不断孕育新产业，引领和促进新增长；它将不断深化对外开放和转变经济发展方式，推动产业转型升级与高质量发展。由此可见，向海经济的提出和向海经济理论为构建湘桂向海经济走廊提供了强有力的理论支撑。

## 二、向海经济的界定

2017 年 4 月习近平总书记视察广西时首次提出"向海经济"，它是在新时代背景下提出的一个全新的战略性概念，是一种新的经济发展模式和经济发展方式，对推动产业转型升级和产业高质量发展有着重大的战略意义和现实意义。要界定好向海经济，就要分析和探讨向海经济的内涵、向海经济与海洋经济的异同、向海经济的产业范围和向海经济的重点领域等。

### （一）向海经济的内涵

习近平总书记强调"打造好向海经济，写好新世纪海上丝路新篇章"。这一重要论断赋予了新世纪海上丝路建设的新使命、新要求，成为发展向海经济的根本遵循。

有关向海经济的概念，王波等从空间、系统、要素、产业四个维度深刻阐述向海经济的内涵，指出"以陆域经济为基础，以海洋经济为依托，以海岸带为空间载体，以现代港口为支点，以科技创新为驱动，以生态文明建设为保障，以完善现代海洋产业体系、有效衔接陆海通道、实现陆海经济互动融合为目的的开放式经济新模式"[1]。许雪芳、王

_____

[1]　王波等：《向海经济：内涵特征、关键点与演进过程》，《中国海洋大学学报（社会科学版）》2018 年第 6 期。

且认为："向海经济是一个全新的战略性概念，是新时代背景下提出的一种经济发展模式，对孕育新产业、引领新增长、深化对外开放格局和转变经济发展方式、推动产业转型升级与高质量发展有着重大的战略意义。相比已有的'港口经济''海洋经济''蓝色经济''海陆经济一体化'等而言，向海经济不仅是以海洋为载体，而且强调以海洋为导向，在战略层面上引领经济活动要'向海上转移'，更具有明显的政策引导性和要素驱动性。"① 王波等认为，向海经济是以海洋经济发展为主体，以"陆海统筹""由陆及海"的开放型经济发展为导向，以海洋生态建设为保障，以港口和海洋交通运输为基础，以"海上丝绸之路"为纽带的开放型经济发展新模式。②

关于向海经济的内涵要义，学界讨论十分热烈。蒋和生认为，发展向海经济就是全方位开发利用深远海洋资源，推动经济空间由沿江、近海向深远海演进发展，这样能够提升海洋经济的发展地位，推动海洋经济新旧动能转换与供给侧结构性改革，充分发挥出海洋经济对国民经济稳定持续发展的重要作用。③ 童政等强调，交通要素是向海经济的重要内容，这就需要加快构建网络化区域交通格局。④ 朱宇兵、黄宏纯提出广西北部湾经济区向海经济的发展思路：借助重点项目支撑，推进合作试验区、聚集区、示范区建设，探索"海洋＋"产业发展新模式。⑤ 雷仲敏认为，向海经济的核心要义为"海为方向、

---

① 许雪芳、王旦：《向海经济：从理论到实践》，《人民论坛·学术前沿》2020 年第 18 期。

② 王波等：《向海经济：内涵特征、关键点与演进过程》，《中国海洋大学学报（社会科学版）》2018 年第 6 期。

③ 蒋和生：《科学用海，大力发展广西向海经济》，《广西日报》2017 年 9 月 22 日。

④ 童政等：《广西北海市："向海经济"发展开好局》，见 http://www.ce.cn/xwzx/gnsz/gdxw/。

⑤ 朱宇兵、黄宏纯：《广西北部湾经济区向海经济加快发展思路与对策研究》，《科教文汇（中旬刊）》2018 年第 2 期。

陆为基点；以海引陆、由陆及海；海陆贯通、陆海统筹"①。王波等认为，向海经济是对海洋经济和蓝色经济发展理念的进一步提升，更加强调连接内外的陆海通道、海洋开发的战略支点、走向远海的陆基载体和对外开放的门户平台建设。②

综上所述，向海经济就是以内陆腹地区域经济高质量发展为依托，通过发展"大进大出"的临港产业带、高端海洋装备和深海生物技术等高深加工技术，推动沿海区域带动内陆腹地区域面向海洋发展，挖掘海洋发展潜力，拓宽海洋发展空间，保护海洋生态环境，挖掘和培育海洋文化及商贸文化，促进内陆经济与海洋经济高质量互动发展，推动此岸经济与彼岸经济融合发展，助力陆地文化与海洋文化、海洋此岸文化与彼岸文化大融合与大发展，建立海洋人类命运共同体。发展向海经济，有利于挖掘和培育海洋文化、商贸文化，进而培育和发展商业文明和海洋文明。因为，海洋文明的标志是开放、创新、包容、进取，挖掘和培育海洋文明，挖掘商业文明、培育契约精神，进而培育和创新改革开放精神。

### （二）向海经济与海洋经济的异同

《全国海洋经济发展规划（2016—2020 年）》将海洋经济界定为：主要指开发利用海洋的各类海洋产业及相关经济活动的总和。它是依托海洋空间、利用海洋资源、开发海洋产业，不仅包括传统的海洋渔业、海洋交通运输业和海盐业，也包括海水养殖业、海洋油气工业、

---

① 雷仲敏：《我国"蓝色粮仓"战略的理论建构与路径探索——〈我国海洋事业发展中的"蓝色粮仓"战略研究〉书评》，《中国海洋大学学报（社会科学版）》2019 年第 1 期。

② 王波等：《向海经济：内涵特征、关键点与演进过程》，《中国海洋大学学报（社会科学版）》2018 年第 6 期。

滨海旅游娱乐业、海水直接利用业、海洋医药和食品工业等产业，以及正在研究和开发利用的海洋能利用、深海采矿业、海洋信息产业、海水综合利用等。

向海经济是海洋经济与外向型经济的高层次融合，其内涵与外延比海洋经济更加丰富，更加注重海洋资源的利用开发，推动沿海城市向海要资源、财富和发展，全面打造好向海经济。一些专家提出向海经济的阐释，强调经济发展理念进一步聚焦"向海"，全面释放"海"的潜力。并且提出向海经济发展在观念上的"四个转变"：由传统海洋开发转变为海陆经济一体化统筹；由单一的海洋一、二产业发展转变为三大产业与海洋科技创新以及海上环境保护一体化发展相融并进；由国内发展转变为国内外全方位开放发展；由发展方略单一化转变为系统化、集成化。主要表现特征与内容体现在四个方面：在布局经济发展上谋划"向海"，推进陆海各类资源优化配置；在产业打造上深化"向海"，提升海洋产业在经济发展方面的对外开放程度；在文化挖掘和培育上，谋划"向海"文明文化，助力"一带一路"建设；在生态文明建设上，携手"向海"，保护海上生态环境。

由此分析，向海经济包含了海洋经济的一般含义，更加注重促进内陆经济与海洋经济高质量互动式发展，推动海洋此岸经济与彼岸经济融合发展，促进陆地文化与海洋文化和海洋此岸文化与彼岸文化大融合与大发展，最终实现建立海洋和人类命运共同体。两者的异同点体现在以下四个方面：一是范围大小不同。向海经济包括一定区域范围内的海岸经济与内陆经济，比海洋经济范围更宽泛。二是内容涵盖不同。向海经济的内容更加丰富，更加注重内陆经济与海洋经济的相互促进与共同发展。三是目的结果不同。向海经济不仅强调发展海洋经济，重要的是要推动海洋此岸经济与彼岸经济融合发展。四是功能作用不同。海洋经济发展主要是补充陆地经济发展，而向海经济主要是促进陆地经济与海洋经济的互动发展、协同发展，进而促进海洋人类命运共同体建设，实现向海经济与海洋资源的共享。

（三）向海经济发展的产业范围

向海经济的产业涵盖海洋经济、沿海经济带经济、向海通道经济三大领域。立足于全面推动陆海经济联动发展，加快健全向海经济现代产业体系，打造绿色临港临海产业集群、辐射带动腹地特色产业、升级向海传统产业、培育壮大向海新兴产业，充分发挥海洋发展潜力，推进陆海统筹和江海、山海联动，拓展蓝色发展空间，构建向海通道网络，健全向海经济现代产业体系。根据 2020 年 9 月 24 日广西壮族自治区人民政府办公厅印发的《广西加快发展向海经济推动海洋强区建设三年行动计划（2020—2022 年）》，广西将利用三年时间"打造好向海经济"，推动经济高质量发展。深入实施向海产业壮大、向海通道建设、向海科技创新、向海开放合作、海企入桂招商、碧海蓝湾保护六大行动，稳步提升向海经济综合实力。

湘桂向海经济合作由来已久。2008 年以来，湖南、广西签订了《湖南省人民政府 广西壮族自治区人民政府关于深化两省区合作的框架协议》《关于湖南省在广西钦州市建设临港工业园区及专业配套码头的框架协议》《关于进一步深化湘桂合作框架协议》《关于加紧落实进一步深化湘桂合作框架协议的会议纪要》等多项战略合作框架协议。湖南省提出"以衡阳、永州为支点，推进湘桂经济走廊建设"，密切与国内沿边沿海省市的区域经济合作，对接"一带一路"倡议推动优势企业"走出去"。在《中共湖南省委关于制定湖南省国民经济和社会发展第十四个五年规划和二〇三五年远景目标的建议》也明确提出："密切与西部地区的陆海经济联系，加强骨干通道衔接，扩大湘桂琼合作，对接北部湾经济区和海南自由贸易港。"因此，湘桂两地密切合作、强强联合、优势互补，共同为推动向海经济的产业发展而奋进。

1. 向海传统产业。向海经济既包括传统的海洋渔业、海洋交通运输业和海盐业，也包括海水增养殖业、海洋油气工业、滨海旅游娱乐业、海水直接利用业、海洋生物医药业和海洋食品工业等重要产业。其中，传统海洋渔业包括海洋捕捞、海洋采集、海水养殖，是指在海上生产水产品的活动，以及制造渔船和渔具，加工、储藏、运输、销售海产品等活动的总和；海洋交通运输业包括远洋旅客运输、沿海旅客运输、远洋货物运输、沿海货物运输、水上运输辅助活动、管道运输业、装卸搬运及其他运输服务活动，主要是以船舶作为主要运输工具而从事海洋运输及其服务活动的总和；还有主要以海洋生物资源增养殖技术为依托开展海水增养殖业，在海洋渔业中大力发展养殖藻类、贝类、甲壳类、鱼类和海水丰年虫等新兴养殖产业；海洋油气工业主要是指以海洋为依托，在海上科学开发海洋石油和天然气等海洋油气工业，打造全产业链的海洋油气工业链；在沿海地区利用海洋资源优势发展滨海旅游娱乐产业；借助科技手段直接将海水应用于工业冷却水、城市生活用水和消防用水等而形成的海水直接利用生产行业；以海洋生物为原料，以研究海洋生物与药物资源的分布、储量、药性和临床应用以及海洋生物与药物的活性物质为目标、任务，进行海洋药品与海洋保健品的生产加工及其深加工的海洋生物医药产业；以海洋食物资源为原料，利用食品工业的新技术和生物工程技术开发新的海洋食品产业。

2. 向海新兴产业。向海新兴产业主要是借助现代科学技术，一定规模地开展海洋能利用业、深海采矿业、海洋信息产业、海水综合利用业等产业。其中，海洋能利用业主要是指利用一定的方法和设备把依附在海水中的可再生能源（各种海洋能）转换成电能或其他可利用形式的能源的产业；深海采矿业主要是指在深海海底勘探、开采和冶炼矿产资源的产业，如勘探、开采和冶炼多金属结核、钴结壳、热液硫化物和天然气水合物等产业；海洋信息产业及海水综合利用业主要是指从海水中综合提取各种物质而形成相应的配套产业；海洋文化产业也是近些年新兴发展的朝阳产业，主要是指以海洋为依托，为社会公众提供以海洋主题文化产品及其相关产品而形成的产业，该产业顺应了时代特征和发展趋势，具有广阔的发展前景。

3. 辐射带动腹地特色产业。发挥湘桂两地产业基础好的优势，实现产业互补。例如，长株潭城市群的装备制造、轨道交通、动力机械、通用航空、重型机械、工程机械、电子信息、北斗导航、3D 打印等产业，与柳州的汽车工业、钢铁、工程机械、制药，桂林的电子工业、生物医药，以及北部湾城市群的石油化工、电子信息、有色金属、新材料，促进产业结构同中有异、产业发展相辅相成。与此同时，充分深入挖掘历史人文资源，加快湘桂历史古道开发和湘桂旅游合作区建设。联合开展湘桂旅游线路包装和推介，合作推出湘桂跨省区精品旅游线路，重点开通长沙—桂林—南宁—北钦防高铁旅游，将湖南的长沙、张家界、湘潭、衡阳与广西的桂林、柳州、南宁、北海、崇左市等旅游线路对接，将两省区的山水旅游、海洋旅游、文化旅游和红色旅游融为一体。

4. 绿色临港临海产业集群。按照新发展理念的思路，倡导绿色海洋发展，通过进一步优化产业布局，加大对高端海洋企业的招商引资力度，重点打造现代化的海洋产业集群，以向海通道、现代渔业、向海文旅康养、先进装备制造、生物制药和海洋能源等重点产业为主。

### (四) 向海经济发展的重点领域

向海经济发展主要侧重以下几大领域。

1. 向海通道建设。这是当前的首要重点领域，主要是指以西部陆海新通道为牵引，向湘桂走廊交通大动脉两侧延伸发展，打通东、中、西铁路、公路和江海连通关键节点，形成陆海空一体交通网，重点建设陆海联动通道、江海联通通道、空港向海通道以及北部湾国际门户港四大领域。尤其是下大力气推动港口群及其配套设施建设。向海经济港口建设是最为前提性、基础性的工程。港口群及其配套设施建设是打造好向海经济的重要战略抓手。在此基础上，大力推动港口群建设及其相匹配的重要港口的大型专业化泊位、重大项目配套码头泊位建设，集中区位与资源优越，全方位推动区域性国际航运物流中心、先进装备制造业基地、国际邮轮客运中心建设等建设。

2. 向海科技创新。认真贯彻落实国家海洋战略，有计划地实施向海科技创新行动，推动陆海科技群体协同创新，强化向海科技创新支撑，培育壮大一批具备较强竞争力的涉海研发服务机构和企业，壮大向海科技企业群体，培育与发展战略性新兴海洋产业。比如出台有关政策和制度，以发展向海经济为契机，借力深圳、上海、大连等城市海洋科技创新力量，围绕海洋能利用业、深海采矿业、海洋信息产业、海水综合利用业等产业开展海洋科技创新，培育发展新兴海洋产业。

着眼未来，开发海洋新经济，提升向海数字经济创新能力，实现向海科技产业和数字经济赋能增值。培育向海经济新的增长点，不断提升国际海洋竞争力，支持和鼓励发展集约化水产养殖业、海洋工程装备制造业、海洋生物医药业等传统海洋产业，重点推动海水增养殖业、海洋食品工业、海洋油气工业的科技创新，延长其价值链和全产业链。培育和发展海洋能利用业、深海采矿业、海洋信息产业、海水综合利用业等产业及其配套的海洋服务业。

3.向海开放合作。加快全方位向海经济的产业合作和开放发展，重点加强两省区优势产业的产业链供应链领域合作，进一步推进共建向海经济双向飞地，有序合作推进跨国产业园区开发建设，加大力度支持民营企业双向投资，有步骤地开展向海开放国际间合作、向海开放地区间合作和向海开放合作平台建设，不断推动加快形成双循环新发展格局。

海洋服务业也是贯穿于整个国家海洋战略的核心产业之一，与国家海洋安全紧密相联，成为海洋竞争力的重要体现。发展向海经济，也要加大向海经济合作开放，大力发展海洋服务业，依托广西北部湾的海岸线，开放更多与海洋经济发展相匹配的海洋服务合作平台，为向海经济发展提供广阔的空间。比如海洋航运物流业、海洋环保服务业、海洋救援服务业、海洋科技服务业、海洋旅游业等领域，重视海洋权益维护和海洋技术开发利用等方面，同时注重发展海洋绿色服务业，围绕海洋能利用、海洋科技、海洋信息、海水综合利用等产业发展海洋服务业，为海洋经济、海洋政治、海洋外交、海洋军事等一系列海洋活动提供优质服务。

4.向海生态保护。树立绿色海洋发展理念，加强海洋生态环境保护，集中开展碧海蓝湾保护行动，统筹海域污染防治、流域环境综合治理与保护，加大海洋生态保护修复，强化海上执法管控，打造北部湾蓝色海湾。

海洋是生命起源地，海洋中生存着大量的生物，为人类提供了大量的绿色能源和绿色食品。海洋是水上运输的重要通道。很多国家的进出口货物运输总量的 80%—90% 是通过海洋运输完成的。随着海洋大开发及其海洋产业大发展，海洋成为倾倒垃圾废物的无底洞，由于自净能力有限，海洋污染持续加深，对海洋造成的伤害持续加大，保护海洋生态环境成为广泛共识。以《环境保护法》为依据，加强海洋环境保护的实施指导、协调和监督，规范海洋开发利用的权利和义务，坚持海洋资源的开发与保护并举，着力发展海洋循环经济，促进向海经济可持续发展。

### 三、湘桂向海经济走廊的应势而出

2017 年 4 月与 2021 年 4 月，习近平总书记两次考察广西时均强调发展"向海经济"。在"一带一路"建设深入推进、RCEP 签署并将付诸实施以及国家构建双循环新发展格局的大背景下，向海经济发展应立足于新时代西部大开发、西部陆海新通道建设，推动沿海与内陆互动、国内与国外结合，加快湘桂向海经济走廊建设，是探索向海经济发展新模式，高质量推进区域经济协调发展的重要举措。广西与湖南相邻，合作交流源远流长，是湖南向南开放合作、借力出海出边、对接东盟的重点对象，但目前两省区缺乏深入合作的战略平台。湘桂向海经济走廊，是以长株潭城市群、北部湾城市群为枢纽，以湘桂铁路和洛湛铁路（湘桂段）为轴线，以沿线重要节点城市为核心覆盖区的开放型经济走廊，构建湘桂向海经济走廊能为湖南实施"三高四新"战略、深度融入"一带一路"建设提供有力支撑，能推动广西加快落实"三大定位"新使命和"五个扎实"新要求，因此，湘桂向海经济走廊的应势而出。其具体体现为：东盟现成为中国优先合作的地区；东盟成为湖南第一大对外贸易伙伴；内陆地区出海步伐加快；广西向海经济集散效应渐成。

（一）东盟成为中国周边外交优先方向

在应对百年未有之大变局和新冠肺炎疫情防控中，中国与东南亚国家联盟（以下简称"东盟"）相互支持、共克时艰，引领地区抗疫合作和经济复苏取得好成绩，中国与东盟的经济贸易、文化交流等各方面合作逆势上扬，2020年东盟跃居中国最大贸易伙伴，全面展现出多领域合作的巨大潜力和强劲韧性。国务委员兼外交部部长王毅表示，中国将始终把东盟作为周边外交优先方向。2020年10月28日，外交部新闻司副司长、外交部发言人汪文斌指出，中国将东盟视为周边外交优先方向和"一带一路"建设重点地区。事实证明，无论是亚洲金融危机、国际金融危机，还是新冠肺炎疫情危机，每一次重大危机都使得中国与东盟关系更进一步紧密，中国与东盟的深化合作更加强劲。2018年5月7日，中国与印度尼西亚签署联合声明，指出两国将在基础设施互联互通方面不断加强合作，持续推进雅加达—万隆高铁等基础设施建设，更加积极地对接"一带一路"与"全球海洋支点"。两国在多领域建立全方位的对话合作机制，也会对东盟其他国家产生示范性效应，对促进中国和印度尼西亚双边关系、加强中国与东盟合作，具有重大意义。实践证明，中国—东盟深化产业合作，促进资源配置和贸易发展，已成为亚太地区区域合作的最为成功和最具活力的典范。

1.中国与东盟在推进"五通"建设方面成效初显。"五通"指政策沟通、设施联通、贸易畅通、资金融通、民心相通。中国与东盟国家不仅山水相连、陆海相通，而且人文交流源远流长。中国与东盟一直把互联互通作为合作的优先领域和重点方向。2010 年第 17 届东盟首脑会议通过了《东盟互联互通总体规划》，建立总额 100 亿美元的中国—东盟投资合作基金，用于支持道路、电站、港口等互联互通基础设施建设。之后，中国与东盟在"硬件"和"软件"两方面开展全方位、深层次、战略性的互联互通。[①] 中国与东盟借助"五通"建设，促进区域经济发展，形成贸易创造效应。以昆曼公路为例，主干线贯通中国、老挝和泰国 3 个国家，区域经济发展和贸易创造辐射到整个东南亚地区，花卉、海鲜等鲜活产品的可贸易性快速增强，规模不断扩大，带动沿线地区的资源开发、投资和旅游业的快速发展。多方评估表明，中国与东盟国家间的"五通"合作，在"一带一路"沿线国家和地区中处于较高水平，设施联通的能力仍有很大提升空间，发展潜力巨大。

2. 中国与东盟双边贸易合作持续稳定。在自贸区各项优惠政策下，中国已连续 10 年保持为东盟第一大贸易伙伴，2020 年上半年东盟历史性成为中国的最大贸易伙伴。业内专家预测，随着"海上丝绸之路"建设的推进，10 年内双边贸易额每年可达上万亿美元。2020年，为应对新冠肺炎疫情，中国与东盟国家快速建立了便利人员往来的"快捷通道"，相互提供防疫物资和医疗设备支援，共同加快复工复产，继续保持共建"一带一路"合作的强劲势头。同时，加强互联互通，持续维护产业链与供应链的稳定，共同促进了地区经济的复苏与发展。中国与东盟投资合作潜力巨大、活力强劲。2020 年上半年，中国投资东盟达到 62.3 亿美元，同比增长 53.1%，占 2020 年上半年中国投资"一带一路"沿线国家和地区的 76.7%。东盟投资中国的金

---

① "硬件"是指铁路、陆路、航空及海上基础设施、交通运输等；"软件"是指制度、民间人文交流、灾害管理、教育、公共卫生安全等多领域。

额也同比增长 5.9%。由此可见，东盟地区已快速成为中国企业对外投资的重点区域，中国对东盟投资的吸引力不断增强，为促进中国—东盟区域内的经济恢复增长、带动相关就业，发挥了极为重要的积极作用。2020 年 11 月，15 个成员国经贸部部长正式签署了《区域全面经济伙伴关系协定》(RCEP)。RCEP 的 15 个成员国总人口达 22.7 亿人，GDP 为 26 万亿美元，出口总额达 5.2 万亿美元，总人口、经济体量、贸易总额均占全球总量约 30%，将形成占全球约三分之一的经济体量的一体化大市场。随着 RCEP 的签署，世界上人口数量最多、成员结构最多元、发展潜力最大的东亚自贸区建设正式启动，中国与东盟国家之间的经贸等多领域合作更加密切，投资合作潜力更加巨大。

3. 中国与东盟数字经济合作稳步提升。数字经济在引导、实现生产要素等资源的快速优化配置与再生发挥着重要作用。随着新冠肺炎疫情的挑战与应对，大数据、云计算、物联网、区块链、人工智能、5G 通信等新兴技术不断发展，催生了新产业和新业态，中国与东盟数字经济合作应运而生，加速了数字化转型的发展步伐，数字经济合作也日益密切，这将成为中国—东盟深化合作的新亮点。尤其是2020 年是中国—东盟数字经济合作年，双方共同应对新冠肺炎疫情挑战，加速"中国—东盟信息港"和"中国—东盟商贸通数字化平台"建设，快速开启中国与东盟数字经济合作的新进程，也必将在 5G、物联网、人工智能、工业互联网以及数字疫情防控方面迈向更高的合作新阶段。

4. 公共卫生安全正成为中国与东盟合作重要领域。近年来，中国与东盟地区的公共卫生安全合作在多边对话磋商机制和共同应对疫情中取得了一定成效，成为推动中国与东盟国家发展友好关系和维护地区稳定的重要抓手。一方面，初步确立公共卫生合作多边对话机制。

利用"10+1"领导人会晤机制、卫生部长会议机制，共同签署有关加强地区公共卫生安全合作的联合声明、行动计划等一系列条约和协定，明确在疫情信息、人员培训、疫情防控、出入境检查等方面共同合作，约定建立传染病确认和控制预警系统，互派专家组，举办技术培训，提供必要的物资和技术援助，共同应对公共卫生安全事态。另一方面，抗击禽流感和新冠肺炎疫情等合作中取得成功经验。中国与东盟国家设立"10+1"公共卫生合作基金，向疫情较重的国家提供医疗器材、援助资金和防疫技术，及时通报突发公共疫情的最新动态与防治情况，共同应对突发公共疫情，共同开展经常性接触和磋商。中国为帮助缅甸抗击禽流感疫情，援助口罩、药品、疫苗等医疗物资。新冠肺炎疫情发生以来，马来西亚、越南、印度尼西亚等国向中国提供人道主义支持，捐助医用手套、口罩、防护服、器材等，帮助中国抗击新冠肺炎疫情。

总之，随着中国—东盟自贸区升级版建设，相关配套平台得到有效支撑，有关原产地规则、贸易通关规定等降低了门槛，并且借助中国—东盟博览会、中国—东盟商务与投资峰会等重大平台，加快释放经济与政策红利，促进双边贸易持续稳定发展。因此，RCEP 背景下的自贸区必定成为亚洲最成熟、最具活力的多边自贸区，也必将成为全球自由贸易区的成功典范。

### （二）东盟成为湖南第一大对外贸易伙伴

在融入"一带一路"、打造内陆改革开放新高地的建设中，湖南与东盟国家经贸往来日益密切，2020 年东盟十国成为近年来湖南第一大贸易伙伴，进出口贸易总额达 810.3 亿元，仅 2020 年 4 月湖南对东盟进出口就达 83.7 亿元，增幅高达 86%。湖南可以借助湘桂向海经济走廊，加强与东盟国家的经贸合作，主动融入"一带一路"建设，积极打造陆海联动发展向海经济的先行区。

1. 湖南与东盟国家贸易发展持续向好。近年来，湖南与东盟国家双边贸易逆势递增，出口产品主要以机电产品和高新技术产品为主，塑料制品的出口增幅也较大，进口增幅较大的是煤炭。湖南企业积极开拓东盟市场，有计划地投资建设东盟科技产业园，着力打造年产值百亿元的工业制造基地。进一步拓宽湖南与东盟地区的经贸通道，吸引湖南的电子信息、生物科技、智能箱包等 100 余家企业以及国内有关企业入驻创新园区，共同开拓东盟市场，助力"一带一路"建设。

2. 湖南与东盟打造数字智能化制造业。湖南依托数字经济发展，面向东盟国家打造较多先进的智能化制造业，例如湖南长沙三一重工通过"5G+工业互联网"，促进传统工程机械产业转型升级，借助 5G 技术让 100 多台智能机器人进行不间断地取货、搬运、装配零部件等智能化生产；湖南山河智能装备集团的智能制造、湖南国家智能网联汽车的电动智能汽车等技术和水平得到马来西亚、越南等东盟国家的认可和好评。这些数字化智能制造的发展，为湖南与东盟国家加强数字经济合作、共同打造先进制造业奠定了较好基础。

3. 湖南与东盟文化旅游、人文交流不断加深。湖南实现了与东盟十国的 27 座城市的全面通航，初步构建了湖南与东盟十国"4 小时生活圈"，进一步密切了与东盟国家的人文交流。湖南优美的自然风光、独特的民俗风貌和厚重的人文历史，对文莱、泰国等东盟国家的旅客很有吸引力，文莱、泰国等国与湖南有直航班机，文化旅游合作空间巨大。湖南卫视在泰国象岛拍摄的《中餐厅第一季》《湘商闯老挝》等纪录片和影视节目在东盟国家热播，备受关注。泰国驻华使馆的二等秘书卢欣然说："长沙是媒体艺术之都，马栏山文化创意产业的发展让人惊喜，非常期待泰国与湖南在人民群众友好往来、数字经济、文化创意以及媒体合作等多领域开展深入的合作。"①湖南省正在充分利用自贸区、博览会等重要平台、合作机制，加速畅通与东盟国家的贸易沟通渠道，鼓励基础好、条件优的湖南企业到东盟国家投资建厂，实现湖南企业在东盟国家的本地化生产，挖掘当地市场潜力，充分释放中国—东盟自贸区升级版的政策红利。

(三) 内陆地区出海步伐加快

为了加快推进"一带一路"建设，实现其沿线国家和地区的高效快速衔接，中国积极谋划各大经济走廊建设，促进它们之间的互相联通，加快建立西部陆海新通道，有效连接东北亚和东南亚两个区域间的贸易合作，为"一带一路"的健康发展提供了新动力。依托广西北部湾港的向海优势和咽喉作用，主动谋划中国西部地区快捷、高效的出海通道，对接"一带一路"的黄金枢纽，为我国广大西部地区搭建一个符合国家全面开放战略布局的重要发展平台。

1. 打造形成"一带一路"的重要衔接门户和出海通道。中亚、东北亚、东南亚等国家和地区是"一带一路"的重要腹地，它们相互之间以及与中国之间在经济发展中有着很强的互补性，但由于缺乏交通基础设施联通和便利有效的贸易机制，较大程度上制约着这些国家和地区的可持续发展。我国成功建立了中蒙俄、新亚欧大陆桥、中国—中亚—西亚、中巴、孟中印缅、中国—中南半岛六大经济走廊，促进中国陆上沿边区域与相邻国家的互联互通。同时，为提高"丝绸之路

① 齐凯：《为东盟和湖南友好合作搭建桥梁》，2020 年 11 月 16 日，见 http://www.chin-areports.org.cn/djbd/2020/1116/18455.html。

经济带"的运行效率，中国布局建立西部陆海新通道。据新华社重庆
2019 年 1 月 7 日电：重庆、广西、贵州、甘肃、青海、新疆、云南、
宁夏 8 个西部省区市在重庆签署合作共建中新互联互通项目国际陆海
贸易新通道（简称"陆海新通道"）框架协议，共建"陆海新通道"，
加快形成"陆海内外联动、东西双向互济"的对外开放新格局。"陆
海新通道"已快速成为中国西部地区最快捷的出海通道，为我国西部
地区与东南亚乃至全世界的陆海贸易合作打造了一个新的出海口，有
效实现了"丝绸之路经济带"与"21 世纪海上丝绸之路"的南向海
洋对接，而且通过中欧班列有效实现"丝绸之路经济带"南北大通道
之间的无缝黏合，进一步挖掘和释放广大西部地区的后发优势和开放
潜力，促进内陆地区加快出海步伐。

2. 基本建成国内最大的内陆自由港和铁海联运机制。近些年，我
国重点打造重庆这一国内最大内陆自由港，充分发挥重庆交通大通道
的战略地位和物流中心的重要作用，努力打造内陆开放的新高地，以
有效解决货源返程、运输能力及效率提升等突出问题。在中国与新加
坡签订的合作协议框架下，积极建立与东盟国家、地区更紧密的经贸
关系，确保"一带一路"建设过程中的物流、资金流、信息流、科技
流、管理流等更加顺畅。重庆、广西、贵州等省（自治区、直辖市）
主动融入"一带一路"建设，对接与服务"中国—中南半岛经济走廊"
建设，合力打造陆海新通道，加快健全"渝黔桂新"铁海联运机制，
尽快释放铁海联运的巨大潜力。目前，重庆、广西、贵州等省（自治
区、直辖市）区的货物通过铁海联运能够到达新加坡及全球的 71 个
国家和地区的 160 多个港口，相比传统由东部出海到新加坡转运的路
程缩短了近三分之二的时间。广西凭祥通过泛亚铁路直达泰国、新加
坡，形成境外铁路联运，并与广西钦州的铁海联运形成有效互补，有

效支撑内陆地区的转口贸易。我国的陆海贸易新通道建设，已与新加坡的国际货物集散中心形成了多功能配套联运一体化运行模式，实现陆海新通道更加便利化，不断提升边境口岸交通物流效率，快速消除内陆地区的交通地理劣势，为我国广大西部地区的全面开放布局拓展了广阔空间。

3. 构建形成多式联运大通道和国际海运网。在加快推进"一带一路"建设中，我国以沿海、沿边为主的对外开放格局积极转变为沿海、沿边与内陆地区相互促进、共同发展的对外开放新格局。贵州作为西部内陆地区，主动对接和服务国家"一带一路"建设，加快转变，形成以工业、制造业、服务业为主的对外开放模式，积极推动内陆开放型经济试验区建设，初步形成了我国内陆开放新高地。2019年底，贵州的高速公路里程突破 7000 千米，总里程为全国第四、西部第二，综合密度保持全国第一，基本形成了现代综合交通运输网络。在推进陆海贸易新通道的过程中，贵州积极对接国际铁海联运机制，即从青海、甘肃、重庆、贵州等经铁路至广西钦州港，再通过海运运达新加坡等东南亚国家，联通国际海运网，可以实现陆上距离节约近 1000 千米，海上距离节约近 2000 千米，出海步伐大大加快。而且，贵州加大基础设施投入和建设，加快产业经济的转型升级，推动产业经济、数字经济的快速发展。例如，贵州的大数据电子产业、现代装备制造业和山地特色高效农业快速发展，各类产品已运达 60 个国家和地区的 160 多个港口，运输的各类电子、装备制造和特色农产品等种类超过 200 个，而且还在不断快速增加。这些充分凸显了出海要道的咽喉和纽带作用，形成有效连接中国与东盟等国家贸易合作的大通道。

## （四）广西向海经济集散效应渐成

集散效应（combined effect）是区域经济学中的集聚效应和扩散效应的统称，其主要内涵是指在一个国家或经济区域（如东盟经济区、欧盟经济区等）的各种产业和经济活动在空间上高度集中所产生的经济效果以及吸引经济活动向一定地区靠近和发散的向心力的总和，它是城市形成与不断扩大的基本因素或经济社会现象，包括对经济、文化、人才、交通和知识管理等的集聚和扩散活动。最为典型的产业集聚效应的例子是美国的硅谷，聚集了几十家全球 IT 巨头公司和大量的中小型高科技公司。集聚效应是指在一个国家或区域内的经济发达地区（或经济增速较快地区）将会从其他经济欠发达地区（经济活动程度相对较弱的地区、经济增速较慢的地区）吸引劳动力、资本等经济资源（要素）净流入，从而加快自身发展，并对周边经济欠发达地区（经济活动程度相对较弱的地区、经济增速较慢的地区）所产生一定影响的经济活动。扩散效应是指地理位置处于经济增长极（经济发达地区）的周围地区，会借助经济发达地区的一些有利因素，即从经济发达地区获得丰富的资本、人才等经济发展要素流入，用以促进本地区的经济社会发展，逐渐赶上经济发达地区的经济社会活动。

广西背靠大西北，面向东南亚，毗邻粤港澳大湾区和北部湾，与东盟国家海陆相连，在"一带一路"建设中被赋予"构建面向东盟的国际大通道，打造西南中南地区开放发展新的战略支点，形成 21 世纪海上丝绸之路与丝绸之路经济带有机衔接的重要门户"。因此，广西是天然具有依托经济发达的粤港澳大湾区和背靠大西北与面向东南亚的优越地理位置，而产生向海经济集散效应的地区。2020 年，广西实现"央企入桂""民企入桂""湾企（粤港澳大湾区企业）入桂"项目 2302 个，总投资 3.42 万亿元，向海经济集散效应得到有效发挥。

1. 广西发挥向海经济集散效应初显成效。广西紧紧围绕习近平总书记关于"打造好向海经济"的重要指示精神，积极推动新世纪海上丝路建设，先后研究出台《关于加快发展向海经济推动海洋强区建设的意见》《广西壮族自治区海洋主体功能区规划》《广西加快发展向海经济推动海洋强区建设三年行动计划（2020—2022 年)》等 8 个配套文件，科学规划广西发展向海经济的主体功能，拓展向海经济发展空间，全力打造对外开放型向海经济，加快形成向海经济现代化产业体系。而且，在国家发展改革委印发的《西部陆海新通道总体规划》中，广西有 34 个项目被纳入其中。据广西 2021 年 11 月 4 日广西新闻网报导，广西已经建成一大批深水码头、泊位、航道以及防波堤、锚地等关键基础工程，如快速建成防城港 20 万吨级码头及进港航道、钦州港 30 万吨级油码头工程、北海铁山港 1—4 号泊位的进港铁路专用线工程，已建成生产性泊位 268 个，与世界 100 多个国家和地区的 200 多个港口进行通航，成功打通了海洋经济国际贸易交通主要脉络和大动脉，为向海经济发展打下了较好的基础。在《广西加快发展向海经济，推动海洋强区建设三年行动计划》中，广西明确提出，到 2035 年基本建成发达的向海经济，形成陆海协同一体化、海洋生态优良化、科技创新高效化及海洋文化优良、海洋治理精准高效的海洋强区，使得广西以海洋经济、沿海经济带经济、通道经济（向海）为主体的向海经济总产值达到 1.3 万亿元以上，占广西全区地区生产总值（GDP）比重达到 35% 以上。2021 年 5 月 20 日，广西自治区人民政府召开新闻发布会宣布开始编制《广西海洋经济发展"十四五"规划》和《广西向海经济发展战略规划（2021—2035)》。可见，广西正在谋划布局更大的向海经济集散效应和规模。

2. 海上丝路建设和港口互联互通加快形成。广西发展向海经济具有深厚的历史文化底蕴，丝路文化源远流长。北海市分别在西汉、晚清时期，曾有"向海"扬帆、商贾云集、贸易兴隆的文明史。在 1984 年成为全国首批沿海开放城市之后，北海逐渐成为连接海上丝绸之路的重要门户。广西北部湾港是西南地区唯一的出海口，成为"一湾相挽十一国"的"桥头堡"，这就需要加快海上丝路建设和港口互联互通建设，推进港口向枢纽化、集约化、现代化转型升级发展，促进"21 世纪海上丝绸之路"沿线港口互联互通。同时，为进一步拓展广大中南和西南地区大物流大发展格局，加快推进湘桂向海经济走廊和西部陆海新通道建设，共同发挥西南中南战略支点作用，联通广西钦州、防城、北海等地区的港口，进入国际海运网，以加快与东盟国家合作，推动形成长江中游城市群—北部湾经济区—东盟经济圈经济带，从而成为与东盟国家合作发展向海经济的重要通道，形成"陆海内外联动、东西双向互济"的对外开放新格局。

3. 交通体系与产业合作协同发展。呼南（呼和浩特至南宁）高铁与湘桂铁路（衡阳—永州—柳州扩能改造工程）等一系列现代交通体系和相关配套设施正在加快完善，逐渐形成湘桂立体交通体系，按区域经济发展空间的点线面理论，疏通京广、呼南和湘桂等三条高铁间陆路、水路及航空交通网络。同时，加快长沙—凭祥—河内铁路集装箱班列常态化运行，重点建设中新南宁国际物流园、长沙黄花综合保税区、湘潭综合保税区、衡阳综合保税区及综合信息平台建设，建立湘桂产业合作园区，重点推进装备制造、工程机械、汽车、电子信息产业等领域合作，为湘桂向海经济走廊建设打基础。与此同时，湘桂两省区正在加快融入粤港澳大湾区。湖南制定了《湖南省对接粤港澳大湾区实施方案（2020—2025 年）》，以在交通、产业、科技、生态、民生等领域推进与粤港澳大湾区对接合作。广西背靠大西南、毗邻粤港澳、面向东南亚，为了充分发挥自身的独特区位优势和桥梁作用，制定了《广西全面对接粤港澳大湾区建设总体规划（2018—2035 年）》，借助陆海江三种通道步入粤港澳大湾区，有效发挥集散效应，推动打通粤港澳大湾区—北部湾—孟加拉湾国际大通道，加快在大健康、大数据、大物流、新制造、新材料、新能源等"三大三新"重点产业领域与粤港澳大湾区加强合作，推进大湾区面向东盟进一步开放，助力区域融合协作与共同发展。

4. 湘桂旅游合作区建设加快。湖南与广西既有高速公路、高铁的枢纽，又有水路交通的重要中转站，湖南省内的湘江、资江通航广西，旅游景区景点众多，合作基础相对较好，湘桂旅游合作集散效应凸显。科学开发湘桂历史古道，共同开展湘江、资江治理与生态环境保护，建立湘桂历史古道旅游示范区，创建湘桂精品旅游线路，将广西与湖南的山水旅游、文化旅游和红色旅游融为一体，促进乡村振兴和旅游文化产业发展。

5. 有效衔接长江中游城市群、北部湾经济区、东盟经济圈经济带。湘桂两省区及其周边省份共建"一带一路"的区位优势有效发挥，能够促进国家区域经济发展战略与东盟国家区域经济发展高效衔接，成为国家区域发展纵向中轴的组成部分。目前，长江中游城市群、北部湾经济区、东盟经济圈经济带正在面临难得的发展机遇，比如中国—中南半岛经济走廊、中新互联互通南向通道正式实施，泛珠三角区域合作与发展论坛、中国—东盟博览会等平台建设和项目务实合作，乡村振兴战略对湘桂古道旅游产业发展具有极大的促进作用，呼南高铁、包海高铁将改善湘桂经济走廊、湘桂古道的交通条件，加快拉动沿线地区经济社会发展，双方在互联互通基础设施、西部陆海新通道建设和产业合作中，合作成果较多、互补性较强。

# 第二章
# RCEP 框架下湘桂向海经济走廊的战略地位

在《区域全面经济伙伴关系协定》（RCEP）国际大背景下，区域经济一体化合作愈演愈烈，全球经济贸易将进入新一轮变革，有助于建立世界性区域大市场，加快推动多边经贸合作发展，增进各国人民福祉。一旦 RCEP 与湘桂向海经济走廊相互融合，将增添向海经济发展的驱动力。一方面，进一步推动中南地区产业向沿海布局，实现向海经济产业链、供应链的区域一体化发展；另一方面，RCEP 生效后，湘桂向海经济走廊将会成为连接长江中游城市群、粤港澳大湾区、中部内陆的关键通道，也会更加凸显其战略功能。

## 一、RCEP 对湘桂向海经济的重大机遇

近年来，继中美贸易摩擦之后，全球新冠肺炎疫情来势汹汹。全球经济贸易新秩序逐渐演变发展，加快推动了区域经济一体化合作。尤其在 RCEP 生效的时代机遇下，主动建立湘桂向海经济走廊，将增添向海经济发展的驱动力，推动中南地区产业向沿海布局，实现向海经济产业链、供应链和价值链的区域一体化发展。

（一）基于 RCEP 的新时代

中美贸易摩擦和新冠肺炎疫情强化了区域经济一体化趋势。自 2016 年唐纳德·特朗普当选美国总统后，全球即进入了新一轮贸易保护主义的浪潮。2018 年，美国政府对钢、铝征收进口关税拉开了全球经贸新秩序的序篇，中美贸易摩擦随之愈演愈烈，逐渐演变成了影响国际经贸格局的关键，为中美长期经贸关系发展及国际经贸秩序维持蒙上了一层阴影。即使在约瑟夫·拜登执政后，中美之间的贸易摩擦和冲突并未得到缓和，世界经济的不确定因素依然广泛存在。2020 年新冠肺炎疫情突袭全球，各国迫于疫情防控压力不断提高隔离和封锁的强度，全球供应链面临着严重的压力，也由此带来了各国对原有的全球供应体系的担忧。为了更好应对中美贸易摩擦以及新冠肺炎疫情的影响，区域经济一体化合作的强度显著提升。2020 年 11 月 15 日，中国、日本、韩国、澳大利亚、新西兰以及东盟十国等共同签署了《区域全面经济伙伴关系协定》（RCEP），标志着世界上参与人口最多、成员结构最多元，发展潜力最大的自由贸易区正式走向现实，这既是东亚、东南亚区域经济合作的标志性成果，更是在逆全球化思潮和世界贸易保护主义沉渣泛起的时代中多边主义和自由贸易的胜利。2021 年 11 月 2 日，东盟秘书处宣布文莱、柬埔寨、老挝、新加坡、泰国、越南 6 个东盟成员国和中国、日本、新西兰、澳大利亚 4 个非东盟成员国已完成国内核准程序，满足了 RCEP 生效条件，其他成员也在积极推进国内生效工作。

随着 RCEP 正式签署，全球最大自贸区正式诞生，推进东亚经济一体化发展，为中国对外投资带来更多的机遇和更大的空间。尤其是中美贸易摩擦、全球新冠肺炎疫情影响下，全球贸易新秩序正在逐步建立。签署 RCEP，有利于成员国基于共同认识应对当前国际环境的不确定性，推动多边经贸合作发展，增进成员国人民的福祉。同样，RCEP 的签署，是我国进一步扩大开放、深化国内改革、推动"一带一路"建设的重要抓手。RCEP 的成功签署为中国进一步的对外开放提供了一个更高的平台，为更多国家与中国进行互联互通、互惠互利提供了方便。同时也进一步提升了中国在地区政治经济的话语权。

近年来，中国—东盟经贸发展迅速。截至 2019 年，我国已连续 10 年位列东盟贸易伙伴第一名，进出口主要贸易伙伴包括印度尼西亚、马来西亚、新加坡、泰国和越南。2020 年，东盟历史性地成为中国第一大贸易伙伴，其中，越南成为中国在东盟的最大贸易伙伴。在"一带一路"建设中，越南作为中国"海上丝绸之路"和中国—中南半岛走廊的第一站，是中资企业走出国门的重要通道。2016 年以来，越南对华出口呈现大幅增长，超过马来西亚成为中国在东盟的第一大贸易伙伴。据商务部统计，截至 2020 年 8 月，中越两国贸易达 1112 亿美元，其中中国向越南出口额达 670 亿美元，进口额达 441 亿美元，中国和越南经贸合作自由化和便利化水平不断提升。广西与越南接壤，是我国唯一与东盟国家陆海相邻的省区。随着 RCEP 的生效，广西与越南的经贸投资将进入一个新的发展时期。

RCEP 的签署，将会为中国与世界各国的经贸发展、文化交流等领域带来新变化，呈现出许多新特点。主要表现在以下三个方面。

其一，RCEP 表现出四个主要特点。一是区域范围大，人口数量多。RCEP 区域总面积 2253 万平方千米，占世界国土面积（1.32 亿平方千米）的 17%。2019 年，RCEP 区域总人口近 22.7 亿人，约占世界人口（76.74 亿人）的 30%。二是市场规模大。2019 年，RCEP 区域国内生产总值（GDP）经济总量约 26.2 万亿美元，约占全球

GDP 经济总量（约为 87.75 万亿美元）的 30%；进出口额 10.33 万亿美元，约占全球进出口总量（38 万亿美元）的 27%。<sup>①</sup>三是经济发展阶段多元化。中国和东盟国家属于发展中国家，但中国为世界第二大经济体。日本、韩国、澳大利亚、新西兰、新加坡等属于发达国家，其中日本经济总量位居世界第三，韩国经济总量位居世界第十。四是产业发展各具特色。中国是唯一拥有全部工业门类的国家，在互联网、电子商务、大数据、云计算、量子通信和技术、现代通信、智能手机等方面保持强劲发展势头。日、韩在汽车、钢铁、化工、机械、电子、造船等行业保持世界领先优势。澳大利亚、新西兰的经济支柱是农业、矿业和旅游业。在东盟十国中，新加坡转出口贸易、深加工和航运业发达，文莱石油资源丰富，马来西亚、泰国、菲律宾和印度尼西亚加紧向新兴工业化国家迈进，越南工业发展速度加快，缅甸、柬埔寨、老挝工业发展程度较低。

其二，RCEP 涵盖三个方面主要内容。一是货物贸易。RCEP 货物贸易领域涉及关税承诺、市场准入、原产地规则、海关程序与贸易便利化、卫生与植物卫生措施（简称"SPS 措施"），标准、技术法规和合格评定程序（简称"TBT 措施"）、贸易救济等内容。旨在取消或降低区域内关税和非关税壁垒，促进原产地规则、海关程序、检验检疫、技术标准等按统一规则实施，提高货物贸易自由化和便利化水平，降低区域贸易成本，提升产品国际竞争力。二是服务贸易与投资。RCEP 服务贸易与投资领域涉及服务贸易、自然人移动、投资、金融、电信、专业服务等方面的开放承诺和具体规则。旨在消除成员之间的限制和歧视性措施，扩大市场开放，为投资者创造更加稳定、

---

①　根据商务部提供的 2019 年相关数据整理。

开放、透明和便利的投资环境，促进区域服务贸易和投资增长。三是相关规则。RCEP 规则领域包括营商环境、经济合作、法律程序性等相关规则。

其三，RCEP 签署后的主要优势。一是 RCEP 提供了可持续的、稳定的规则框架。比如"零关税产品"、"区域原产地累积规则"，突破了当前投资合作、金融合作深度远低于贸易合作的现状，为域内经济发展提供持久动力。二是 RCEP 为域内实体经济提供广阔的合作空间。RCEP 助推全球约三分之一的经济体量形成了一体化大市场，域内经贸联系、贸易投资、产业链供应链合作将更加紧密深入，推动域内产业链重塑，促进成员国间优势互补、分工合作、域内贸易蓬勃发展。三是 RCEP 将带动区域金融发展和合作。在 RCEP 背景下，与贸易投资相关的金融服务需求将大幅增长，财富管理规模持续扩张，区域金融合作进一步加深。RCEP 推动成员国加强跨境支付合作，促进域内证券市场互联互通。RCEP 基础设施投资将大幅增长，绿色金融市场和合作空间加大，亚洲国际金融中心地位显著提升。

总之，在 RCEP 新规则下，区域内各国的贸易投资自由化和便利化程度更高，市场开放性更大，竞争性更强。RCEP 构建了一个由中、日、韩、澳大利亚、新西兰与东盟共同组成的区域统一市场，促进区域内各国的商品、服务、技术、人才、资金、数据等要素自由流动，激发区域内市场经济活力，提升要素配置效率，促进区域内各国产业链、供应链、价值链、创新链深度融合，经济共同发展，增强各国人民福祉。同时，兼顾发展中国家成员的发展利益。因此，是一个包容性强、质量高、共享共赢的多边自由贸易协定，对维护亚太地区的和平、稳定和发展具有重要意义。

（二）RCEP 时代的新机遇

在 RCEP 新发展时代，应当综合比较 RCEP 与原自贸协定的变化特点。通过对比世界贸易组织（WTO）协定、《中国—东盟自贸区协定》（以下简称"10+1"）等原有自贸协定，RCEP 协定在投资规则、开放自由度、营商环境、数字经济等方面有不少新变化，可重构区域价值链，维护多边贸易体系，有效应对来自《全面与进步跨太平洋伙伴关系协定》（CPTPP）的负面影响，大幅降低贸易转移带来的损失，具有六大显著特点。

第一，RCEP 在货物贸易领域实现了高水平的自由化。RCEP 生效后，域内成员国对货物贸易关税减免做出承诺，主要是立刻降税到零和十年内降税到零，十年内区域内 90％以上的货物贸易将实现零关税，各国企业和消费者有望在较短时间内享受 RCEP 带来的优惠和好处。在 RCEP 框架下，中日首次建立自由贸易关系，中日产品零关税的比例分别是 86％、88％。RCEP 为中日韩搭建自由贸易平台，有利于激发三国贸易投资潜力，推动形成优势互补的产业链合作新格局。

与"10+1"相比，中国与东盟之间零关税产品范围进一步扩大。印度尼西亚、马来西亚、泰国、越南在原有的中国和东盟自贸协定的基础上，新增加了一些零关税产品，包括水产品、化妆品、橡胶、箱包、服装、钢铁制品、电视、汽车及零部件、摩托车、菠萝罐头、菠萝汁、椰子汁等。比如，中国对越南产品的最终零关税比例由 67.9％增长到 90.5％，越南对中国产品的最终零关税比例由 65.8％提升到 86.4％，大幅提升区域内贸易自由化水平（见表 2-1）。尽管中国、越南对 RCEP 成员国出口依赖度较低，但两国具有较大的出口转移空间，且越南对 RCEP 区域出口依赖度有逐年上升趋势，折射出未来贸易转移效应将有较好基础。

表 2-1　中国与 RCEP 成员国相互间零关税情况表

| RCEP 成员国 | 中国对成员国 | | 成员国对中国 | |
|---|---|---|---|---|
| | 立即零关税比例（%） | 最终零关税比例（%） | 立即零关税比例（%） | 最终零关税比例（%） |
| 文莱 | 67.9 | 90.5 | 76.5 | 97.9 |
| 柬埔寨 | 67.9 | 90.5 | 29.9 | 87.1 |
| 印度尼西亚 | 67.9 | 90.5 | 65.1 | 89.5 |
| 老挝 | 67.9 | 90.5 | 29.9 | 86.0 |
| 马来西亚 | 67.9 | 90.5 | 69.9 | 90.0 |
| 缅甸 | 67.9 | 90.5 | 30.0 | 86.0 |
| 菲律宾 | 67.9 | 90.5 | 80.5 | 91.3 |
| 新加坡 | 67.9 | 90.5 | 100.0 | 100.0 |
| 泰国 | 67.9 | 90.5 | 66.3 | 85.2 |
| 越南 | 67.9 | 90.5 | 65.8 | 86.4 |
| 日本 | 25.0 | 86.0 | 57.0 | 88.0 |
| 韩国 | 38.6 | 86.0 | 50.4 | 86.0 |
| 澳大利亚 | 64.7 | 90.0 | 75.3 | 98.3 |
| 新西兰 | 65.0 | 90.0 | 65.5 | 91.8 |

　　第二，服务贸易和投资开放水平显著提升。目前，在服务自由化水平方面，有 7 个国家采用负面清单方式承诺（澳大利亚、日本、韩国、新加坡、马来西亚、文莱和印度尼西亚），其余 8 个成员国采用正面清单承诺，一旦协定生效后，6 年内全部转化为负面清单，将显著提升开放程度和水平。东盟各国在建筑、旅游、医疗、房地产、金融、运输等服务部门均作出高水平的开放承诺。中国首次在国际协定中纳入非服务业投资负面清单，对制造业、农业、林业、渔业、采矿

业 5 个领域做出了高水平自由化承诺。其他成员方也采用负面清单的方式作出较高水平的开放承诺。比如越南取消了水产品、植物油、乳制品加工等领域的外商准入限制等。此外，域内各国投资者、公司流动人员、合同服务提供者、随行家属等各类商业人员，在符合条件的情况下，均可获得一定居留期限，享受签证方面便利。

第三，实施区域累积原产地规则。根据 RCEP 规则，域内各国在确定产品原产地资格时，可以将 RCEP 其他成员国的原产材料视为本国原材料累加计算，以满足最终出口产品增值 40% 的原产地标准，从而更容易享受区域内优惠关税。而且规则更加透明，非关税壁垒更低，进一步提高区域内生产要素和商品的自由流动性。

第四，建立了数字经济合作规则。RCEP 在电子商务领域做出高水平承诺，强调无纸化贸易，要求承认电子认证和电子签名，对电子传输免征关税，在保证国家安全的同时取消对数字存储本地化的要求，允许各方通过电子方式跨境传输信息，为跨境电子商务和数字贸易的发展创造了政策互信、规制互认、企业互通的良好环境。

第五，进一步优化营商环境。RCEP 拓展了原有多个"10+1"自贸协定的规则，领域内纳入了知识产权、竞争、政府采购等议题，提出明确要求，反对市场垄断，保护消费者权益，提高政府采购、竞争、贸易救济等透明度，确保公平贸易，带动域内贸易蓬勃发展。

第六，进一步展现域内合作架构的多样性。RCEP 尊重成员国发展多样性的现实，采取灵活性的安排和渐进性的方式，在多样性与高标准之间找寻平衡点，坚持高标准的适度性、非歧视性与包容度，推动 RCEP 更贴合广大发展中国家的国情，对无法立即承担更高开放标准的国家也更具现实操作性。突出中国—东盟地位，以"东盟 +1"自由贸易协定（FTA）为基础，采取以东盟为中心的嵌套式结构体系，在整合既有承诺与规则条款的基础上，进一步扩展和提升协议内容。

因此，在 RCEP 框架下，RCEP 综合政策体系涵盖关税减让、贸易便利化措施、服务贸易扩大开放、双向投资促进等全方位、多领域内容，中国广西壮族自治区拥有独一无二的区位和资源优势，将迎来更多、更好的新发展机遇和前景。新机遇具体表现在四个方面：第一，RCEP 生效后，区域内 90% 的货物贸易最终实现零关税，这将大幅降低区域内贸易成本和产品价格，并释放巨大的贸易创造效应，有利于刺激广西扩大对 RCEP 成员国的进出口。尤其是，在 RCEP 框架下，中日首次建立自贸安排，有利于广西扩大对日本出口水产品。第二，RCEP 允许在 15 个缔约方范围内累积原产材料，区域累积原产地规则将降低广西享受关税优惠的门槛。第三，RCEP 实施后，必然带来区域内商品、技术、服务、资本的要素流动的加强。同时，"贸易转移"效应也将吸引区域外的采购转移至区域内，影响全球供应链的布局向 RCEP 区域倾斜，将为广西向海经济发展带来更多的区外投资和产业发展。第四，RCEP 的生效将为广西加快对接国际经贸规则，持续优化营商环境，为推动中国—东盟博览会、中国—东盟商务与投资峰会升级发展，从服务中国—东盟"10+1"向服务 RCEP"10+5"延伸带来了新机遇。

诚然，在把握好 RCEP 下主要机遇的同时，也要深刻认识到当前面临的主要挑战。一旦 RCEP 生效实施，在诸多不确定因素的影响和制约下，广西也可能面临的一些新挑战。结合我国各省市的不同差异，针对广西而言，落后于东部发达省份，在"引进来""走出去"面临更多困难。具体而言，挑战表现在两个方面：一是引进外资弱势更加突出。广西产业发展的技术水平和产业聚集度不高，引进高技术外资受限较多。引进中低端劳动力密集型外资，由于在劳动力成本、税负方面与东盟国家比不具备优势，面临激烈竞争。二是"走出去"企业竞争压力增大。广西企业国际化水平不高，解决海外投资遇到的政治、技术、贸易、标准等壁垒的经验不足，投融资、知识产权保护方面知识、能力有限，可以预见广西企业开拓东盟国家市场的难度逐年加大。比如，广西在印度尼西亚的上汽通用汽车生产基地，当地日韩的零部件企业不提供配套支持，只能自建配件厂，从而加大了"走出去"成本。这些都需要高度重视，科学制定战略规划，有序应对所有的风险挑战，推动 RCEP 与向海经济发展有机结合、融合发展。

### （三）向海经济发展驱动力

随着经济全球化的持续深入，世界经济重心不断向沿海地区移动，向海发展、以海带陆成为全球经济增长的重要方式。据统计，沿海岸带向内陆延伸 300 千米范围内集中了过半的世界经济总量，临港经济占全球地区生产总值的 60% 以上，全球 35 个国际化大城市有 31 个是沿海港口城市，其中前 10 名均是港口城市。与此同时，随着人类开发利用海洋的层次和水平不断提升，海洋经济对全球经济发展的贡献稳步增强。20 世纪 60 年代末至今，海洋经济对全球地区生产总值的贡献率已由 1% 提升至 8%。据经济合作与发展组织（OECD）预测，到 2030 年，全球海洋生产总值将达到 3 万亿美元，各类海洋产业将创造 4000 万个就业岗位。

湘桂向海经济走廊连接中南地区和北部湾沿海地区，陆海统筹，推进向海经济发展。主要驱动力体现在以下三个方面。

第一，推动中南、西南地区核心产业向沿海布局。通过湘桂向海经济走廊，进一步推动中南地区产业向沿海布局，实施飞地园区，创新园区管理模式，通过港口进口的大量原材料，通过向海经济平台输送到内陆地区，让内陆地区也吃上放心"东盟菜""东盟果""东盟米"。

第二，进一步发展服务贸易。广西拥有陆海空综合口岸优势，RCEP 生效后，货物贸易迅速增长将极大激发物流需求，带动跨境口岸物流产业发展，从而带动金融结算、外贸型保险、投融资等供应链金融需求增长，也将会更加凸显广西的面向东盟的金融开放门户地位。

第三，进一步提高对外投资合作水平。广西与东盟地缘相近、人文相通、商缘相连、利益相融，广西可依托东盟区位、经贸与人文合作优势，进一步拓展对东盟国家的文化旅游、教育、医疗、康养等各类专业服务贸易潜力，从而提升对东盟等 RCEP 成员的对外投资合作水平。

### （四）向海经济产业链供应链的区域一体化布局

世界各国出于成本、安全等因素，都在积极谋划产业链供应链的区域化、本土化等。根据两地资源禀赋优势，加强产业链供应链的重新布局建设，通过湘桂向海经济走廊，将广西与湖南牢牢联系在一起，通过提升经贸合作，促进相互之间的投资和贸易，打造更为紧密的产业链、价值链，将会推动分工的进一步深化，形成区域内的大循环。依托高效畅通的向海经济通道，积极融入国内大市场为主体，构建国际国内双循环联动发展新格局。

第一，加快构建面向东盟的跨境产业链、供应链。充分利用好区位优势，发挥园区平台作用，调整产业结构，加强政策对接，积极促进钢铁、冶金、汽车、机械、糖业、建材、农业等优势产业"走出去"。根据地区的经济发展水平、民族文化特色，研发制造独具民族特色、满足多层次消费群体需求的产品，着力构建汽车、电子信息、化工新材料、特色产品加工等跨境产业链，不断拓展推动境外资源加工供给与国内产业链融合发展，有效减少同质竞争，实现"同一产业、双方受益"。完善跨境产业链服务体系，着力补齐北部湾港口设施短板，重点发展面向东盟的海运航线，拓展远洋航线，提升北部湾国际门户港航运服务中心功能，加快打造连接东盟和国内市场的国际物流枢纽，推进中国—中南半岛多式联运体系建设，保障跨境供应链畅通，提高跨境运输效率。

第二，建立面向东盟、辐射全国的生产资料和中间产品大市场。RCEP原产地累积规则生效后，充分利用好原产地区域累积规则，企业把重资产运营留在广西，轻资产运营放在东南亚，产品出口日、韩、澳等发达国家仍可享受自贸优惠政策，有助于吸引更多企业"落户广西＋转移越南"跨境布局生产，着力构建"原材料进口＋广西加工生产＋贴牌组装＋东盟销售"等特色跨境产业链。开展"RCEP宣讲进企业"活动，推动落实RCEP原产地证书自主声明制度，建立企业协调员机制，实施"点对点"精准服务，帮助企业开展核准出口商资格认证。加大对小微企业原产地证书申领程序、业务流程等宣讲和培训力度，提高原产地累积政策利用率。

第三，推动产业转型升级。RCEP有助于广西对东盟国家扩大建材、家纺、机械装备、石化、汽车等优势产品出口，更快发展跨境电商业务，强化和稳定区域产业链和供应链，有机衔接"一带一路"的西部陆海新通道。实施"千企开拓"外贸强基础工程，重点推动机械、汽车、电子信息、建材、化工、生物医药等优势重点行业企业扩大国际市场份额。实施"加工贸易＋"计划，主动承接装备制造、电子信息、劳动密集型等东部产业转移。实施"百企入边"行动和"口岸＋"行动计划，大力发展沿边产业经济带。

第四，构建特色优势跨境产业链。加快与 RCEP 成员国产能合作，积极引入长江经济带、粤港澳大湾区代工企业，推动形成"日韩澳新＋广西＋东盟"的汽车、化工（纺织）、电子信息、东盟特色产品加工跨境产业链供应链价值链。支持设立面向东盟的跨境产业链投资基金、风险投资基金、研发中心等，发展供应链金融、跨境物流等跨境服务链。加快广西优势产业如机械、钢铁、汽车制造业等"走出去"，鼓励有条件的企业赴越南等东盟国家投资合作，支持双方企业在高精尖、高科技、环保等领域开展投资合作。充分利用好各类投资平台和渠道，制定切合实际的国际化发展战略，打造企业品牌核心竞争力，以打造具有核心竞争力的企业品牌为长远目标，不断提高国际化经营能力和自主创新能力，构建具有竞争力的全球产业链供应链体系。

## 二、RCEP 生效后湘桂向海经济走廊的战略功能

为加快推进"一带一路"建设，实现沿线国家和地区的高效快速衔接，中国积极谋划各大经济走廊建设，促进之间的互相联通，加快建立"陆海新通道"，有效连接东北亚和东南亚两个区域间的贸易合作，为"一带一路"的健康发展提供了新动力。依托广西北部湾港的向海优势和咽喉作用，主动谋划中国西部地区快捷、高效的出海通道，对接"一带一路"的黄金枢纽，为我国广大西部地区搭建一个符合国家全面开放战略布局的重要发展平台。

### （一）长江中游城市群与东盟经济圈的有机链接

长沙既是长江中游城市群中的重要城市，也位于四个经济增长

极的中心，承担了中部崛起的主要责任。2020年，长江中游城市群区域内三个省会城市武汉、长沙、南昌分居GDP前三位，其中，武汉为1.56万亿元，高居全国第五，长沙为1.2万亿元，保持万亿城市中前列的经济增长速度，南昌GDP达到5745亿元，三个省会城市的GDP达到3.33万亿元。[①] 东盟秘书处统计数据显示，截至2018年，东盟经济圈各国人口总和近6.5亿人，人均GDP约4601美元，GDP总额近2.99万亿美元。[②] 据国际货币基金组织预测，到2030年，东盟的中产阶级将占人口总数的55%，也就是未来10年，东盟国家的中产阶级人数将接近4亿人。[③] 由于购买力水平的不断提高，东盟国家消费者对诸如房地产、汽车、高等教育、医疗保健、金融服务，尤其是财富管理等投资类消费的需求日益增长，他们将在未来数十年的全球需求市场自西向东转移的漫长进程中发挥日益重要的作用。从东盟的宏观经济数据来看，东盟经济规模与经济活力都呈现出稳定增长态势。世界银行数据显示，近年来东盟经济保持稳定增长，2019年东盟国内生产总值为3.17万亿美元，人均GDP约4803美元，经济增长率为6.87%，柬埔寨和越南两国GDP增长率在东盟平均增长率之上。[④]

## (二) 湘桂向海经济走廊产业与西部陆海贸易的融通互济

推动广西作为结合部的战略支点，连接湘桂向海经济走廊的中部内陆产业与西部陆海贸易新通道的向海产业，打造V字形发展格局，

---

① 《武汉、长沙、南昌的结合体——长江中游城市群2020年GDP成绩单》，2020年3月20日，见 https://new.qq.com/rain/a/20210330A0E3A400。

② 东盟秘书处2019年统计的数据。

③ 世界经济论坛：《未来快速增长的消费市场：东盟》，2020年。

④ 王勤：《2018—2019年东盟经济的分析与预测》，《东南亚纵横》2019年第2期。

促进中部内陆的产业发展与西南沿海的大港口大物流优势实现互补。内陆地区的产业发展和繁荣必然要进一步拓展外部国际市场，尤其是东盟市场的开拓，经广西港口运输是最为便捷的，不仅时间成本低，而且还具有较好的综合竞争优势，能够完美地将内陆地区产业与西南沿海的港口优势融合发展，共同推动湘桂向海经济走廊建设。

进一步提升贸易大通道作用。广西背靠大西南、连接粤港澳、通衢东南亚，陆海贸易新通道将缩短中西部地区与东盟各国的贸易距离。RCEP 签署生效后，广西在对接东盟国家中的枢纽地位将更加凸显，区域内贸易合作更加顺畅。比如，按 2020 年广西与 RCEP 其他成员国贸易额 390 亿美元计算，预计 2025 年广西与 RCEP 其他成员国贸易额有望突破 600 亿美元，占同期广西外贸进出口比重达到 60%，平均年增长 10%。

### （三）湘桂向海经济走廊与粤港澳大湾区的关联合作

广西、湖南作为湘桂向海经济走廊的海陆两端，同时，近年来广西加快了东融步伐，全力对接粤港澳大湾区（以下简称"大湾区"）市场，服务大湾区，接受大湾区辐射。因此，湘桂向海经济走廊通过广西拓展至大湾区，可积极引进大湾区资金和技术，加大力度承接大湾区的产业转移和研发合作。经广西通过南昆高速公路、铁路则向西延伸到中国西南地区，甚至缅甸、印度等国，通过中缅经济走廊则可便捷通向印度洋。湘桂向海经济走廊构建起了湖南—广西—大湾区的黄金关联组合。

### （四）湖南走向东盟的最便捷出海通道

湖南作为中南地区的重要省份，传统出海通道选择经广州、深圳等沿海地区港口作为主要运输通道，但运距长、时间成本高。广西拥有作为面向东盟的前沿和窗口的区位优势，以及北部湾国际门户港优势，湖南经湘桂向海经济走廊通过北部湾港出海则具有明显运距优势、时间成本优势。况且，西部陆海新通道有东、中、西三条通道，其中东通道就是经湖南怀化至柳州至北部湾港，已经具有很好的基础。

发挥广西与东盟国家陆海相邻的独特优势，着力建设中南—西北出海口、面向东盟的国际陆海贸易新通道，通过配置完善的物流设施，整合各类开发区、产业园区，引导生产要素向通道沿线更有竞争力的地区集聚。鼓励支持物流企业通过并购、合资、合作等方式，加强国际物流基地、分拨集散中心、海外仓等建设，加强回程货源组织，发展国际物流业务。未来，随着湖南与东盟的贸易额逐步扩大，湘桂向海经济走廊将成为湖南货物走向东盟的最便捷出海通道。

三、RCEP 框架下湘桂向海经济走廊在广西区域合作的战略地位

在 RCEP 框架下，广西将借助湘桂向海经济走廊的区域战略优势，高效赋能成为产业发展的中南开放支点，畅通"北联"合作通道，密切广西与湖南等中南地区的区域合作，加快融入中部地区崛起战略，打造南北纵向主轴发展的经济走廊合作带、增长带。利用 RCEP 的关税优惠、"单一原产地"规则、投资领域负面清单等优势深化与周边国家合作，推进外贸合作平台建设，推动桂企"走出去"，以自贸试验区为引领抓好招商引资，开拓消费大市场，扩大利用外资规模，推动外贸大发展，形成区域合作大格局。

（一）赋能中南开放发展支点

以产业合作为重点，深化与中南地区开放发展支点的战略合作，推进湘桂国际产能合作园、百色—文山跨省经济合作园等建设。积极鼓励西部陆海新通道沿线地区在北部湾经济区合作共建飞地园区。依托高铁等骨干通道，加快建设高铁经济带合作试验区湖南园等建设，积极争取湖南、江西等省纳入高铁经济带合作圈联动式发展。区域内国际物流水平的提升、运输成本的降低，将有效促进中国西部经济贸易往来区域的扩大和贸易商品结构的优化，为我国中南地区建设向海经济带来新的发展机遇。广西是中国西部唯一沿海地区，借助区位和海洋优势加快向海经济发展，构建中南地区面向东盟的国际出海主通道、打造西南中南地区开放发展新的战略支点、形成"一带一路"有机衔接的重要门户，可对我国西部经济社会高水平、开放发展起到强大的拉动作用。

（二）畅通广西"北联"大通道

以湘桂向海经济走廊为纽带，发挥南宁、柳州、桂林三大区域中心城市的核心带动作用，加强与湖南的紧密合作，加快融入中部地区崛起战略，打造"长江经济带、粤港澳大湾区＋广西制造＋东盟市场""通道＋园区＋产业"产业链开放合作新模式，构建形成若干具有更强创新力、更高附加值、更安全可靠的产业链供应链，推动湘桂向海经济走廊高水平建设和高质量发展，加快衔接长江经济带中游城市群，推动形成协同衔接长江经济带的开放合作经济带，把广西独特区位优势更好转化为开放发展优势。一方面，深耕东盟传统市场。建立 RCEP 优惠税率与中国—东盟 FTA 对比清单，扩大向东盟国家出口电子电器产品、运输工具、汽车零部件产品、机械设备产品等，促进从东盟国家进口铁矿石、铜矿石、煤等资源性产品，以及电子信息制造用原辅材料、区域国家特色商品等。支持广西自贸试验区南宁片区设立中国—东盟大宗商品交易中心、自贸试验区钦州港片区建设面向东盟的大宗商品交易平台，扩大东盟资源性产品和农产品进口。另一方面，加快发展贸易新业态。利用 RCEP 在跨境电商、数据存储交易的开放规则，支持建设东盟物流中心，升级跨境电商创新生态服务中心，提升跨境电商平台和东盟小语种人才服务能力。鼓励跨境电商、跨境物流企业在越南等国家和地区建设跨境电商公共海外仓。积极推动家居建材、食品、纺织服装等商品进入广西凭祥市场采购贸易方式试点市场，扩大市场采购贸易商品种类。

### （三）挺起广西南北发展主轴

打造南北纵向发展主轴，以贯通湘桂的交通大动脉为重点，依托贵广高速铁路、湘桂铁路和泉南高速公路等重要交通干线，完善南宁、柳州、桂林、河池、来宾及北部湾地区纵贯南北的交通和物流基础设施建设，深度融入粤桂黔高铁经济带，积极构建联通长江经济带向海大通道。建设湘桂向海经济走廊合作带，加快建设三江口新区，构建跨区域产业协作平台，加强与湖南的互联互通、产业合作，打造联通北部湾经济区和长江经济带的产业大通道。

### （四）策源广西向海新经济增长带

通过湘桂向海经济走廊，进一步拓展广西向海经济的腹地纵深。推动长江经济带、湘桂向海经济走廊沿线省区市相关主体通过托管、股份合作、产业招商等方式与广西打造产业园区合作共建新模式，建设一批产业共建型、产业配套型、功能共建型、资源开发型、飞地经济型产业合作示范区。围绕广西重点产业集群和关键产业链，加强产业协作，开展建链、补链、延链、强链行动，构建完善产业生态，探索建立成本共担、合作共建、产业共育和利益共享的合作机制，打造一批产业园区合作共建样板。

强化政策引导，完善相关政策措施适应 RCEP 新形势。积极发挥各级政府引导力，对海外投资项目的产业规模和合作对象等方面进行指导，促进企业对外投资的方向与政府的战略目标有效协调。深入对接中国—东盟发展战略，促进地区合作机制的协调与融合，提高境外投资的质量和效益。在 RCEP 背景下，充分利用好中国—东盟博览会等机制与平台的作用，深化边境经贸合作的政策措施。加快推动贸易便利化。推进 RCEP"6 小时通关"措施落地，优化进境水果"风险分级、分层查验"监管，强化国际邮件、跨境电商、国际快件"三合一"集约式监管。结合 RCEP 缔约方对经认证的经营者(以下简称"AEO")的互认情况，积极培育区内外贸高级 AEO 认证企业，推进海关便利化措施落实落细。加快广西国际贸易"单一窗口"2.0 版建设，推动"单一窗口"功能向跨境贸易全链条拓展。深化外商投资项目审批便利化。推动国家支持在《鼓励外商投资产业目录》中增加广西的鼓励类产业目录，试点广西《鼓励外商投资产业目录》与《西部地区鼓励类产业目录》内容优化整合。

推动成立中国—东盟产业园区联盟。支持企业在 RCEP 成员国布局建设新的境外园区，引导企业用好境外园区平台构建跨境产业链，深化与 RCEP 成员国产业合作，推动汽车、机械、农业等优势产业"走出去"。探索推动 RCEP 在广西自贸试验区先行先试。为有效对接

RCEP 的各项规则，广西自贸试验区要发挥自身优势，加快推动服务贸易负面清单试点，推进数据存储、电子商务规则落地；依托中国—东盟信息港，深化新型通信合作，继续推广适应东盟国家本地化要求的智联云平台开发；逐步取消市场准入限制条件，继续加强双方协商确定投资企业的国民待遇规则，不断消除贸易壁垒，争取更高的行业承诺和更大的开放力度，推动区域内贸易投资的自由化与便利化，加快实现中国—东盟经贸合作的"政策沟通、设施联通、贸易畅通、资金融通和民心相通"之目标。

# 第三章
# 湘桂向海经济走廊发展与合作现状

"打造好向海经济"是习近平总书记为新时代海洋经济发展指出的新方向和新思路。湘桂向海经济走廊将以湘桂铁路为轴线，向北经永州、衡阳至长沙、武汉，向南经桂林、柳州、南宁至广西北部湾经济区，贯穿湖南和广西，沿湘桂铁路达中越边境城市广西凭祥，向南沿广西沿海铁路抵广西北部湾港对接东盟自由贸易区组成的经济发展走廊。近年来，随着湘桂两省区经济交流互动日渐频繁，广西向海经济加速发展，我国与东盟国家的向海合作快速升温，湘桂构建向海经济走廊将进一步促进长江中游城市群与北部湾经济区、东盟经济圈的有效衔接，实现长江经济带、北部湾经济区的良性互动和融合发展。

## 一、发展总体情况

当前，建设湘桂向海经济走廊已有较好的基础。两省区经济发展迅速，交通互联，产业互补，人文相亲。广西与湖南在面对东盟及参与"一带一路"建设中具有天然的合作要求和优势，建立湘桂向海经济走廊符合两省区的发展利益。

## （一）经济发展情况

1. 宏观经济总体概况。湘桂向海经济走廊对于广西和湖南都是经济发展的核心地带，是两省区的经济中心、文化中心和旅游中心。总体上，湖南区域的经济发展水平要高于广西的区域。2020 年湘桂向海经济走廊 GDP 总量为 42838.44 亿元，其中广西区域的 GDP 为 15700.08 亿元，占广西总量的 70.85%，湖南区域的 GDP 为 27138.36 亿元，占湖南总量的 64.95%；湘桂向海经济走廊人均 GDP 为 5.89 万元，其中广西区域的人均 GDP 为 5.38 万元，湖南区域的人均 GDP 为 6.55 万元（见表 3-1），广西区域的人均 GDP 相当于湖南区域的 82.14%。

表 3-1　湘桂经济走廊经济发展基本情况（2020 年）

| 序号 | 城市 | GDP（亿元） | GDP 增速（%） | 人均 GDP（万元） | 居民人均可支配收入（元） | 贸易额（亿元） |
|---|---|---|---|---|---|---|
| 1 | 桂林 | 2130.41 | 2.1 | 4.17 | 27745 | 72.14 |
| 2 | 柳州 | 3176.94 | 1.5 | 7.79 | 30500 | 228.12 |
| 3 | 来宾 | 705.72 | 6.3 | 3.14 | 23849 | 11.06 |
| 4 | 贺州 | 753.95 | 7.0 | 3.62 | 23185 | 17.35 |
| 5 | 南宁 | 4726.34 | 3.7 | 6.44 | 30114 | 986.00 |
| 6 | 钦州 | 1388.00 | 2.6 | 4.18 | 24061 | 217.70 |
| 7 | 北海 | 1276.91 | −1.3 | 7.60 | 29196 | 268.10 |
| 8 | 防城港 | 732.81 | 5.1 | 7.60 | 36385（2019 年） | 709.61 |
| 9 | 崇左 | 809.00 | 6.1 | 3.85 | 22253 | 1843.20 |
| | 小计 | 15700.08 | — | 5.38 | — | 4353.28 |
| 10 | 长沙 | 12142.52 | 4.0 | 12.23 | 51478 | 2350.46 |
| 11 | 湘潭 | 2343.10 | 3.8 | 8.59 | 34360 | 261.40 |
| 12 | 株洲 | 3105.80 | 4.1 | 7.96 | 39173 | 191.66 |

续表

| 序号 | 城市 | GDP（亿元） | GDP 增速（%） | 人均 GDP（万元） | 居民人均可支配收入（元） | 贸易额（亿元） |
|---|---|---|---|---|---|---|
| 13 | 衡阳 | 3508.50 | 4.0 | 5.26 | 29956 | 302.40 |
| 14 | 永州 | 2107.70 | 3.9 | 3.98 | 23661 | 215.69 |
| 15 | 邵阳 | 2250.80 | 3.9 | 3.42 | 21067 | 262.90 |
| 16 | 娄底 | 1679.94 | 4.0 | 4.39 | 21993 | 144.29 |
| 小计 | | 27138.36 | — | 6.55 | — | 3728.80 |
| 合计 | | 42838.44 | — | 5.89 | — | 8082.08 |

资料来源：广西和湖南各市的国民经济和社会发展统计公报，见 http://tjj.gxzf.gov.cn/zxfb/t8328844.shtml, http://tjj.hunan.gov.cn/hntj/ttxw/202103/t20210316_14837950.html

2. 对外贸易发展基础较好。湘桂向海经济走廊的终端是广西北部湾港和湘桂铁路延长线终点凭祥市，是我国对东盟国家贸易的重要窗口。一年一度的中国—东盟博览会和中国—东盟商务与投资峰会，以及中非经贸博览会是经济走廊开展对外经贸合作的重要平台。经济走廊的广西区域的贸易额为 4353.28 亿元，虽然对外贸易额多于湖南区域的 3728.8 亿元，但其贸易额多为过境商品，而湖南多为自身的贸易产品，进出口产品多为高附加值的机电产品和高新技术产品。如湖南的对外贸易龙头长沙市，不仅贸易额大，而且增长速度高，2020年全年进出口总额 2350.46 亿元人民币，比上年增长 17.4%，其中出口总额 1548.72 亿元，增长 10.8%；进口总额 801.74 亿元，增长 32.5%。在出口总额中，机电产品 761.38 亿元，占比 49.2%；高新技术产品 300.66 亿元，占比 19.4%。在进口总额中，机电产品 453.83 亿元，占比 56.6%；高新技术产品 323.42 亿元，占比 40.3%。① 而广

① 《2020 年长沙市国民经济和社会发展统计公报》，2021 年 4 月 9 日，见 http://daj.changsha.gov.cn/yxzs/szzs/202112/t202112216_10396359.html。

西贸易额排名第一的崇左市，虽然贸易额很大，但进出口商品多为外省区市的过境产品和东盟国家的农产品。2019 年，崇左市全年外贸进出口总额 1843.2 亿元，比上年下降 2.7%。①

　　3. 区域内创新能力有较好的基础。总体上，区域内科研力量主要集中在省会城市，而湖南的科研力量又强于广西。湖南的科研力量和创新能力在全国也排在前列，但是，科研力量主要集中在长沙、株洲、湘潭三市。2020 年，长沙市有科学研究开发机构 95 个。全年取得省部级以上科技成果 157 项，专利申请 42087 件，授权专利 33012 件，比上年增长 46.7%；签订技术合同 7203 项，成交金额 336.67 亿元。荣获国家级科技奖 22 项，居全国前列，高新技术企业突破 3000 家，高新技术企业数量跻身全国前十，增幅排全国第六；入选国家科技型中小企业库的企业的增速排全国第一，高新技术产业增加值增长 10.5%，创新能力居 78 个国家创新型城市第八。②湘潭市有国家级（含部级）重点实验室 1 家，省级重点实验室 31 家；国家地方联合工程研究中心（工程实验室）6 家，省级工程研究中心（工程实验室）18 家；国家级企业技术中心 7 家，省级企业技术中心 23 家；省级工程技术研究中心 27 家；国家级双创示范基地 1 家，省级双创示范基地 12 家。全年获得省级以上科技成果 37 项，签订技术合同 709 项，技术合同成交金额 117.8 亿元。全年专利申请量 8469 件，增长 34.1%。其中，发明专利申请量 4144 件，增长 42.2%。专利授权量 4205 件，增长 46.4%。其中，发明专利授权量 816 件，增长 41.9%。工矿企业、

---

　　① 崇左市 2020 年国民经济和社会发展统计公报，2021 年 7 月 6 日，见 http://www. chongzuo.gov.cn/sjfb/tjgb/t9602505.shtml。

　　② 《2020 年长沙市国民经济和社会发展统计公报》，2021 年 4 月 9 日，见 http://www. chongzuo.gov.cn/sjfb/tjgb/t9602505.shtml。

大专院校专利申请量分别为 5358 件和 1988 件，专利授权量分别为
2163 件和 1434 件。高新技术产业增加值 846.2 亿元，增长 10.6%。[①]
株洲市拥有国家工程（技术）研究中心 2 个，省级工程（技术）研
究中心 60 个，国家级重点实验室 4 个，省级重点实验室 19 个。2020
年获得国家自然科学奖 13 项。专利申请 10804 件，其中，发明专利
4229 件，每万人发明专利拥有量 17.55 件；授权专利 7385 件，其中，
发明专利 1323 件。株洲全市高新技术产业增加值 873.9 亿元，增长
13.8%。承担国家安排科技攻关计划项目 10 项，国家各类科技计划
项目 10 项。[②]

广西的科研力量主要集中在南宁、柳州、桂林市等科研机构、高
等院校、工业基础较好的城市。截至 2020 年，南宁市拥有国家级知
识产权优势（示范）企业 50 家，自治区知识产权优势企业培育单位
138 家。拥有有效发明专利 8739 件，其中企业有效发明专利 3457 件，
同比增长 5.69%；全市每万人发明专利拥有量达 12.05 件，同比增
长 10.3%，在广西排名第一。南宁市全市高新技术企业保有量达 984
家。[③]2020 年，柳州市获广西科学技术奖 19 项，其中，技术发明奖
二等奖 3 项、三等奖 3 项，技术进步一等奖 1 项、二等奖 6 项、三等
奖 6 项。全年专利申请量 8540 件，授权专利 5899 件。共签订技术合
同 466 项，技术合同成交金额 2.03 亿元。[④] 桂林市全年登记科技成果

---

① 湘潭市 2020 年国民经济和社会发展统计公报，2021 年 4 月 30 日，见 http://xttj.xi-angtan.gov.cn/13228/13195/13197/content_940294.html。

② 株洲市 2020 年国民经济和社会发展统计公报，2021 年 3 月 23 日，见 http://tjj.zhuzhou.gov.cn/c19066/20210323/i1675200.html。

③ 《广西南宁加快国家知识产权示范城市建设》，《中国质量报》2021 年 3 月 1 日。

④ 柳州市 2019 年国民经济和社会发展统计公报，2020 年 5 月 20 日，见 http://lztj.liuzhou.gov.cn/zwgk/fdzdgknr/sjfb/tjgb/202008/t20200806_1862934.shtml。

352 项，增长 70.9%；获自治区级科技进步奖 41 项，增长 5.1%。年内签订技术登记合同 243 件，合同成交额 10925.56 万元，技术交易额 10385.91 万元。受理专利申请 7179 项，专利授权 4107 项，其中发明 719 项。[①] 这些科研力量和创新能力较强的城市，是带动区域经济创新发展的重要动力。

### （二）产业发展情况

湘桂向海经济走廊沿线地区产业发展各有特色，但是，总体上发展很不平衡。一是广西与湖南之间的产业发展不平衡，除了 GDP 大于广西，湖南沿线 7 个地级市的第二产业增加值和第三产业增加值总和都大于广西沿线的 9 个地级市的总和，广西沿线的第一产业增加值总和 2351.9 亿元，高于湖南省沿线地区的 2283.58 亿元，说明湘桂向海经济走廊广西沿线地区的第一产业仍然占 GDP 中的较大比重，农业经济的特征仍然比较明显；二是走廊沿线地区各地级市之间发展很不平衡，广西沿线地区第二产业明显落后于湖南，2020 年广西仅有柳州市和南宁市的第二产业增加值超过 1000 亿元，而湖南省有长沙、湘潭、株洲和衡阳 4 个地级市的第二产业增加值超过 1000 亿元；三是各地级市之间的主要产业各具特色，柳州的汽车工业、钢铁、工程机械、制药，桂林的电子工业、食品工业、旅游，南宁的生物医药、装备制造、农产品加工，还有北部湾城市群的石油化工、电子信息、有色金属、新材料、生物医药、食品；衡阳的机械制造、机油泵、电控、五矿金铜，永州的交通运输设备制造业、纺织业、化学原料及化学制品制造业，长株潭城市群的装备制造、轨道交通、动力机械、通用航空、

---

① 《2019 年桂林市国民经济和社会发展统计公报》，2020 年 4 月 27 日，见 https://www.guilin.gov.cn/glsj/sjfb/tjgb/202005/t20200509_1774263.shtml。

重型机械、工程机械、食品、电子信息、文化创意、旅游、北斗导航、3D 打印等在全国都排在前列（见表 3–2）。长沙智能制造装备产业集群获批国家首批战略性新兴产业集群，智能制造成为闪亮名片。

表 3–2 2020 年湘桂向海经济走廊主要产业情况

| 城市 | 第一产业增加值（亿元） | 第二产业增加值（亿元） | 第三产业增加值（亿元） | 主要产业 |
|---|---|---|---|---|
| 桂林 | 484.46 | 486.48 | 1159.47 | 旅游业、电气机械和器材、计算机、通信等电子设备 |
| 柳州 | 231.37 | 1501.13 | 1444.43 | 汽车、冶金、机械、专用设备制造、非金属矿物制品、烟草制品、食品 |
| 来宾 | 176.65 | 191.63 | 337.45 | 农副食品加工、有色金属冶炼和压延加工、电力 |
| 贺州 | 144.17 | 257.59 | 352.19 | 非金属矿采选与制造、农副产品加工、食品制造 |
| 南宁 | 534.36 | 1084.32 | 3107.67 | 计算机、通信和其他电子设备制造、农副食品加工、非金属矿物制品业、建材 |
| 钦州 | 282.80 | 390.10 | 715.00 | 石化、电力、造纸、人造板、食用植物油、水产 |
| 北海 | 206.60 | 485.66 | 584.66 | 造纸和纸制品、医药制造业、专用设备制造、通用设备、化学原料和化学制品 |
| 防城港 | 111.08 | 348.07 | 273.66 | 农副食品加工、非金属矿物制品、黑色金属冶炼和压延、有色金属冶炼和压延、电力 |
| 崇左 | 180.41 | 232.61 | 395.98 | 农副食品加工、非金属矿物制品、黑色金属冶炼和压延、锰矿采选、贸易 |
| 小计 | 2351.90 | 4977.59 | 8370.51 | |
| 长沙 | 423.46 | 4739.27 | 6979.79 | 工程机械、智能制造、电子信息 |
| 湘潭 | 169.20 | 1174.80 | 999.20 | 机电、钢材、新能源汽车、装备制造 |
| 株洲 | 255.70 | 1437.50 | 1412.60 | 轨道交通装备、汽车及零部件、航空装备、计算机、通信、非金属矿物制品 |
| 衡阳 | 441.67 | 1159.32 | 1907.50 | 有色金属冶炼及压延加工、计算机、通信、非金属矿采选、化学原料及化学制品、农副产品加工 |

续表

| 城市 | 第一产业增加值（亿元） | 第二产业增加值（亿元） | 第三产业增加值（亿元） | 主要产业 |
|------|------|------|------|------|
| 永州 | 394.20 | 674.08 | 1039.42 | 大米、冷冻蔬菜、食用植物油、水泥、锂离子电池 |
| 邵阳 | 399.80 | 698.60 | 1152.40 | 煤炭开采和洗选、农副食品加工、木材加工和竹藤制品、造纸和纸制品、非金属矿物制品 |
| 娄底 | 199.55 | 650.32 | 830.07 | 煤炭开采及洗选、黑色金属及压延、有色金属及压延、农副食品加工、医药制造、非金属矿物制品 |
| 小计 | 2283.58 | 10533.89 | 14320.98 | |

资料来源：各市 2020 年国民经济和社会发展统计公报。

　　旅游业是第三产业的重要组成部分，也是走廊沿线的优势产业，其中，长沙、桂林和南宁市的旅游总收入均超过 1000 亿元。长沙市的旅游总收入最高，其次是桂林市，第三是南宁市，而接待入境过夜游客最多的城市是桂林市，其次是长沙市，第三是南宁市。桂林市是广西旅游业发展的龙头城市。在 2020 年新冠肺炎疫情暴发之前，2019 年，广西有桂林、柳州、南宁和北海市 4 市的全年旅游总收入均超过 600 亿元。南宁市全年接待国内游客 1.52 亿人次，接待入境过夜游客 68.99 万人次，其中，外国游客 42.34 万人次，香港游客 10.68 万人次，澳门游客 6.94 万人次，台湾同胞 9.02 万人次；国内旅游消费 1699.02 亿元，国际旅游（外汇）消费 3.80 亿美元。[①] 桂林市全年接待国内外游客 1.38 亿人次，其中，国内游客 1.35 亿人次，入

----

　　① 《2019 年南宁市国民经济发展统计公报》，2020 年 4 月 26 日，见 http://tj.nanning. gov.cn/tjsj/tjgb/t4303381.html。

境过夜游客 314.59 万人次；实现旅游总消费 1874.25 亿元，其中，国内旅游总消费 1731.75 亿元，国际旅游消费 20.62 亿美元。[①] 柳州市全年接待国内旅客人数 6976.65 万人次，接待入境游客 26.26 万人次；国内旅游消费 814.75 亿元，国际旅游（外汇）消费 1.34 亿美元，全年实现旅游总消费 824.05 亿元。[②] 北海市全年接待国内游客 5278.85 万人次，国内旅游收入 694.63 亿元。接待入境过夜游客 17.68 万人次，入境旅游收入 8149.32 万美元。[③]

长沙市是湖南旅游业发展的龙头。2019 年，长沙、湘潭、株洲、衡阳 4 市的全年旅游总收入均超过 600 亿元。长沙市全年接待国内外旅游者 1.68 亿人次，旅游总收入 2028.97 亿元。接待国内旅游者 1.67 亿人次，国内旅游收入 1983.41 亿元。接待入境旅游者 132.98 万人次，入境旅游收入 6.5 亿美元。[④] 湘潭全年共接待国内外游客 7034.6 万人次，其中，国内游客 7018.9 万人次，入境过夜游客 15.6 万人。实现国内外旅游总收入 647.6 亿元，其中，国内旅游收入 644 亿元，入境旅游收入 5198.5 万美元。[⑤] 衡阳市全年接待国内外游客 7692.30 万人次，其中，国内游客 7683.59 万人次，国外游客 8.71 万人次。实现旅游总消费 679.83 亿元，其中，国内旅游收入 678.27

① 《2019 年桂林市国民经济和社会发展统计公报》，2020 年 4 月 27 日，见 https://www.guilin.gov.cn/glsj/sjfb/tjgb/202005/t20200509_1774263.shtml。

② 《2019 年柳州市国民经济和社会发展统计公报》，2020 年 5 月 20 日，见 http://lztj.liuzhou.gov.cn/zwgk/fdzdgknr/sjfb/tjgb/202008/t20200806_1862934.shtml。

③ 《2019 年北海市国民经济和社会发展统计公报》，2020 年 9 月 25 日，见 http://xxgk.beihai.gov.cn/bhstjj/tszl_84932/tjxx_87313/ndtjxx_87315/202009/t20200927_2300247.html。

④ 《长沙市 2019 年国民经济和社会发展统计公报》，2020 年 3 月 18 日，见 http://www.changsha.gov.cn/szf/ztzl/sjfb/tjgb/202003/t20200318_7042166.html。

⑤ 《湘潭市 2019 年国民经济和社会发展统计公报》，2020 年 5 月 6 日，见 http://xttj.xiangtan.gov.cn/13228/13195/13197/content_833486.html。

亿元，国际旅游收入 2255.19 万美元。[①] 株洲市旅游总收入 638.2 亿元，其中，国内旅游人数 6460 万人次，国内旅游收入 636.7 亿；境外入境旅游人数 6 万人次，国际旅游外汇收入 2100 万美元。[②]

（三）产业合作情况

1. 合作园区建设情况。湖南是第一个与广西签订建设临港工业园区及专业配套码头、发展飞地经济协议的省区。2009 年 6 月 10 日，广西壮族自治区政府与湖南省政府在南宁签署《关于湖南省在广西钦州市建设临港工业园区及专业配套码头的框架协议》，共同合作在钦州建设临港工业园区及专业配套码头[③]。目前，湖南已在钦州建设临港工业园区及专业配套码头，但是，产业园区已经建设了十年，至今园区基础设施建设和招商引资推进工作进展缓慢，引进的企业也屈指可数。

2. 企业跨区域投资情况。近年来，广西与湖南推进了一些重大项目合作，其中，南宁市引进了中车轨道交通装备制造企业是一个成功的范例。2013 年，南宁中车轨道交通装备有限公司（以下简称南宁中车）正式成立，建设中车轨道装备基地，生产轨道交通装备及其零部件、电子器件、电气机械及器材的研发等，填补了广西轨道车辆生产的空白。

南宁中车带动了南宁市铝加工产业升级，依托南南铝业集团形成

---

① 《衡阳市 2019 年国民经济和社会发展统计公报》，2020 年 3 月 18 日，见 https://www.hengyang.gov.cn/sjfb/tjgb/20200318/i1848955.html。

② 《株洲市 2019 年国民经济和社会发展统计公报》，2020 年 3 月 18 日，见 http://tjj.zhuzhou.gov.cn/c19066/20200318/i1490512.html。

③ 《湖南省湖南（钦州）临港产业园考察团莅钦考察》，2010 年 11 月 4 日，见 http://www.gxcounty.com/jingji/yqsc/20101104/54378.html

国内重要的铝深加工及汽车高强度轻质合金零部件研发、生产、应用示范基地，生产出来的高端铝材快速运往同样位于邕宁区新兴产业园的南宁中车轨道交通装备有限公司，实现从零部件到成品的全产业链"南宁制造"，推动南宁铝产业迈向中高端发展。[①]2019 年 9 月，株洲中车时代电气股份有限公司南宁分公司落户南宁市高新区，进一步推进南宁市的轨道交通装备产业链完善发展。

3. 合作机制建设情况。两省区党委政府分别于 2008 年、2012 年和 2014 年签订了《关于进一步深化湘桂合作框架协议》等战略合作框架协议，两省区合作的意愿和决心十分坚定。

湘桂两省区党委政府历来都十分重视湘桂合作。湖南连续 3 届省委都十分重视湘桂合作。2008 年以来，两省区党委政府签订了《湖南省人民政府 广西壮族自治区人民政府关于深化两省区合作的框架协议》《关于湖南省在广西钦州市建设临港工业园区及专业配套码头的框架协议》《关于进一步深化湘桂合作框架协议》《关于加紧落实进一步深化湘桂合作框架协议的会议纪要》等战略合作框架协议。湖南省"十三五"规划在论及"推进湘南地区开放发展"时，明确提出"以衡阳、永州为支点，推进湘桂经济走廊建设。"因此，合作建设湘桂经济走廊，是落实湘桂两省区领导一贯的开放合作发展思路，是发展和深化湘桂合作框架的具体措施。

湖南省内湘江和资江均通航广西。湖南的长沙、衡阳、株洲、湘潭、邵阳等城市与广西的桂林、柳州、来宾、贺州、南宁等城市都有高速公路和高速铁路连接，这些城市不仅是铁路和公路交通的枢纽，也是水路交通的重要中转站，其间的旅游景区景点众多，合作基础

---

① 《南宁：先进装备制造产业生机勃勃》，2017 年 3 月 26 日，见 http://big5.xinhuanet.com/gate/big5/m.xinhuanet.com/2017–03/26/c_1120695982.htm。

相对较好。2009 年，衡阳与桂林开始谋求旅游双赢，相互开启"千车万人"互游活动，现已基本形成良性互动发展态势。2015 年 8 月，湖南永州与广西桂林结成高铁旅游合作伙伴，共同签署了《永州—桂林高铁旅游合作框架协议》，并建立了相应的制度和对接机制。2020年 8 月，湖南省河长办与广西壮族自治区河长办签署《湘桂跨省界河流联防联控联治合作协议》，湘桂双方建立联席会议制度、信息共享制度、联合巡查制度、联合执法机制、流域水环境污染联防联控联治机制、流域水生态环境事件协商处置机制、联络员制度。同时，广西与湖南也在泛珠三角区域合作机制框架下开展有效合作。因此，开发湘桂历史古道，建立湘桂旅游合作区已有较好的合作基础。

4. 存在问题。一是两省区发展方向重合点不多。湖南处于中部内陆地区，内部发展也不平衡，一些产业转移仍然在省内优先进行，除非省内缺乏条件或出于扩大市场份额，产业一般不轻易向省外转移。另外，湖南与广西的开放发展方向也是多元的，对接发达的长三角和珠三角是湖南的优先方向，湘南湘西建立的承接产业转移示范区，就是争取长株潭、长三角和珠三角的产业转移。只是在东盟方向的开放发展中，两省区才有合作的基础，因此，两省区发展方向重合点不多。

二是产业同质化竞争仍然存在。两省区存在一些同质化的产业，相互之间存在市场竞争，如钢铁、工程机械、新能源汽车等行业，两省区在这些领域互补性不强，开展合作存在较多的困难。

三是产业合作基础比较薄弱。两省区都致力于发展自身的经济，都想将现有同构性产业做大做强，鉴于建设用地的稀缺性，一般性的传统产业都不是两省区招商引资的重点，而作为招商引资重点的新兴产业都争相留在本地做大做强，因此，两省区的产业合作基础比较薄弱。

（四）产业互补性和竞争性分析

1.产业同构性。湖南与广西在一些优势产业方面具有同构性，尤其是在湘桂向海经济走廊中的一些先进制造业产业同构性尤为严重，处于规模效益和市场竞争的需要，这些产业开展合作的可能性较小。如湖南省的三一重工、山河智能、中联重科与柳工机械就存在很强的同构性，这些产业在国内合作的可能性不大，新能源汽车、钢铁行业也是如此。除非这些企业开展新的产业发展方向，产品具有互补性，才有产业合作的基础和可能性。

2.产业异构性。当然，广西与湖南也有不少异构性强的产业，尤其是广西缺乏而湖南拥有技术的产业。如湖南的轨道交通装备制造、大数据、人工智能等产业在国内处于领先地位，而这些是广西所缺乏的。2019年，湖南的电子信息、新能源、新材料产业加速发展，其中大数据、人工智能等产业增速超过30%，而广西的传统产业比较多，与湖南产业具有一定的异构性，有利于推进两省区的合作，比如可以利用湖南的大数据、人工智能技术，推进广西的糖业、食品、石化、有色金属冶炼等传统产业拓展"智能 +"升级改造。

旅游也是两省区异构性和互补性强的产业。湖南的红色旅游、风景旅游、文化旅游等独特的旅游资源，与广西的边境旅游、风景旅游、民族风情旅游、海洋旅游、文化旅游具有很大的差别。旅游资源和旅游产业的异构性是两省区开展旅游合作的重要基础。

3.产业发展博弈分析。由于湖南与广西的产业具有较大的同构性，因此，基于产业链的视角，两省区的产业发展和产品竞争性不可避免。

第一，产业发展的合作分析。两省区可以在产业互补性强的领域开展合作，一是在一些产业差异化较大的领域进行合作，这种合作是基于发展条件或产业差异开展的合作，如广西有海岸线，而湖南没有海港，这样湖南可以利用广西的海岸线建设自己的港口，两省区的旅游产业差异较大，可以开展旅游产业合作；二是在产业链的上下游开展合作，这种合作是基于产业垂直分工进行的合作，最好以两省区的龙头企业来主导和组织产业合作，由于龙头企业处于产业链顶端，可以带动配套企业发展，如广西的玉柴动力，可以给湖南的三一重工、山河智能、中联重科等企业提供动力配套，广西的甘蔗糖给湖南的食品行业配套，广西北部湾港为湖南的进出口贸易提供服务；湖南的仪器仪表可以向柳州的汽车和工程机械等龙头企业进行配套，湖南的科学技术成果为广西的企业提供服务。

第二，产业发展的竞争分析。发展经济是各地方的主要任务，两省区都面临着引进资金技术发展经济、提高本地竞争力、改善人民生活的需要，对发展优质产业有共同的需求，如两省区都将先进轨道交通装备、装备制造、人工智能与机器人、新一代信息技术、生物医药、环保产业、新能源、新材料与先进制造等领域作为优先发展领域，而新兴产业投资的供给相对不足，这就造成了两省区对于优质产业的相互竞争，不仅可能限制优质产业的对外投资，而且在国内外招商引资、人才引进方面形成竞争。

二、广西向海经济发展方兴未艾

广西作为古代海上丝绸之路的起点，历经千年一直与"一带一路"沿线国家和地区，尤其是东南亚国家有经海往来。2015 年，习近平总书记赋予广西"三大定位"新使命，更是将广西直接定位为"面向东盟的国际大通道、西南中南地区开放发展新的战略支点、形成'一带一路'有机衔接重要门户"。因此，抓住"一带一路"机遇，实现广西向海经济的快速发展，对加快广西经济和对外开放高质量发展具有重要的作用。

(一) 广西向海经济发展基本情况

向海经济是开发、利用和保护海洋的各类产业活动，以及与之相关联活动的总和。当前，广西向海经济主要由海洋产业和海洋相关产业构成（见图 3–1）。在"一带一路"倡议深入实施、中国—东盟自由贸易区（以下简称 CAFTA）成立和经济全球化背景下，向海经济发展被日益重视，广西发展向海经济具有得天独厚的区位和资源优势。

1. 广西海洋经济总量持续增长。近年来，得益于国家批准实施《广西北部湾经济区发展规划》，北部湾经济区开放开发上升为国家

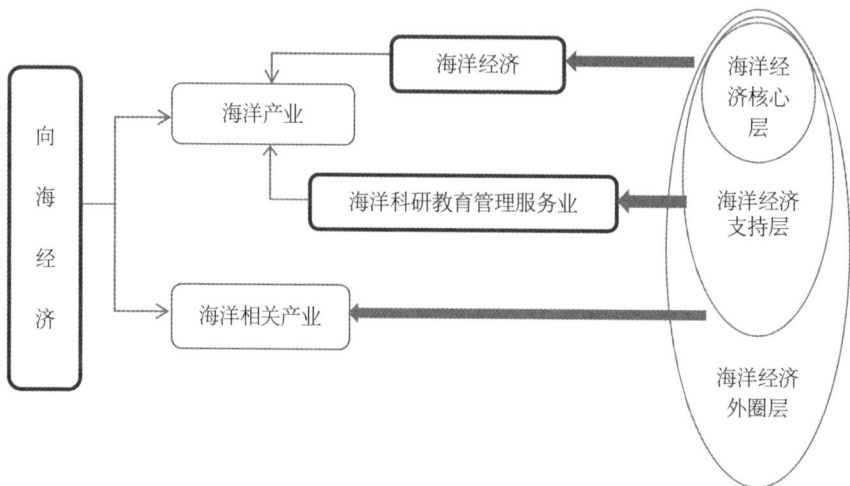

图 3–1　广西向海经济产业结构简图

战略。2017 年 1 月，国家批准实施《北部湾城市群发展规划》，明确了北部湾经济区在打造"一湾双轴、一核两极"的城市群框架中具有重要地位和作用，为经济区带来新的重大发展机遇。广西向海经济总体上呈现较快发展趋势，如图 3-2 所示，2016—2020 年，广西海洋经济的生产总值一直保持上升态势。2020 年广西海洋经济生产总值达 1651 亿元，比 2019 年增长 2.3%，占北海、钦州、防城港三市地区生产总值比重为 48.5%。其中，主要海洋产业增加值为 844 亿元，占北海、钦州、防城港三市地区生产总值比重为 24.8%。

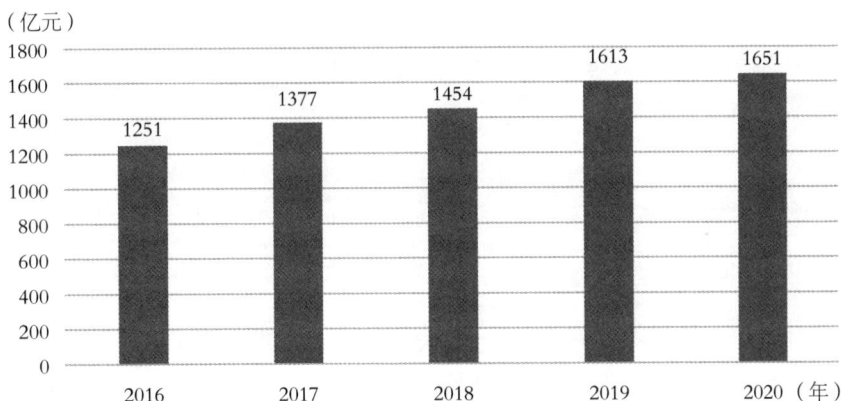

（亿元）

| | | | | | |
|---|---|---|---|---|---|
| 1800 | | | | 1613 | 1651 |
| 1600 | | | 1454 | | |
| 1400 | | 1377 | | | |
| 1200 | 1251 | | | | |
| 1000 | | | | | |
| 800 | | | | | |
| 600 | | | | | |
| 400 | | | | | |
| 200 | | | | | |
| 0 | 2016 | 2017 | 2018 | 2019 | 2020（年） |

图 3-2　广西海洋经济生产总值情况表（2016—2020 年）

资料来源：历年广西海洋经济统计公报。

2016—2019 年广西海洋经济均保持了 9% 以上的快速增长，虽然 2020 年受新冠肺炎疫情影响，增速下降至 2.3%，但总体而言，广西海洋经济高速发展的基本面仍将持续。同时，广西海洋经济对全区 GDP 的贡献率总体呈上升趋势，如图 3-3 所示，2016—2020 年的贡献率均在 6% 以上，2019 年、2020 年更是分别达到了 7.6% 和 7.4%。

2. 海洋产业结构持续优化。广西海洋产业按传统分类可划分为三大类，即海洋第一、二、三产业。海洋第一产业主要为海洋渔业，

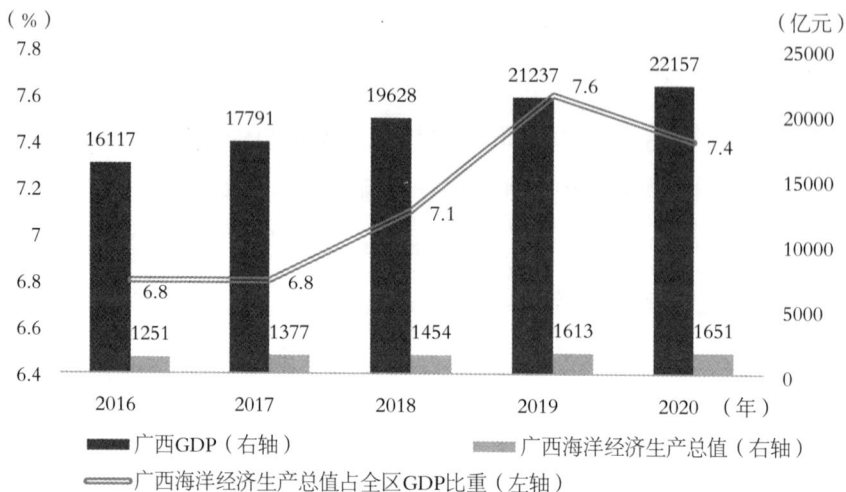

图 3-3　广西海洋经济生产总值占全区 GDP 比重（2016—2020 年)

资料来源：历年广西海洋经济统计公报。

2020 年产值为 251 亿元；海洋第二产业包括海洋矿业、海洋工程业、海洋化工业、海洋生物医药、海洋船舶工业等，其中海洋工程业占比较大，2020 年分别达到了 204 亿元和 118 亿元的产值；海洋第三产业包括海洋信息服务业、海洋交通运输业、滨海旅游业、海洋科研教育管理服务业及其他产业等，其中滨海旅游业全年实现产值 231 亿元（见图 3-4）。广西海洋经济代表了我国整体海洋经济发展的一个侧面，从中可以看出，随着海洋经济的不断发展，海洋第一产业比重逐步降低，海洋第二、三产业比重逐步上升已成为我国海洋产业发展的必然趋势。

近年来，广西向海经济发展不断提速，尤其是 2017 年 4 月，自习近平总书记在广西调研期间，提出广西要发展向海经济以来，广西壮族自治区党委政府高度重视向海经济的发展，出台了一系列促进向海经济发展的支持政策，使广西向海经济的产业结构得到了持续优化。2016—2020 年，广西海洋第一产业的比重由 16.2% 下降到 15.2%，而海洋第三产业增加值 2016 年为 612 亿元，2020 年大幅上升到 895 亿元，其在三大产业中的占比也从 2016 年的 48.7% 上升到 2020 年的 54.1%，如图 3-4、3-5 所示。总体而言，广西海洋第二、

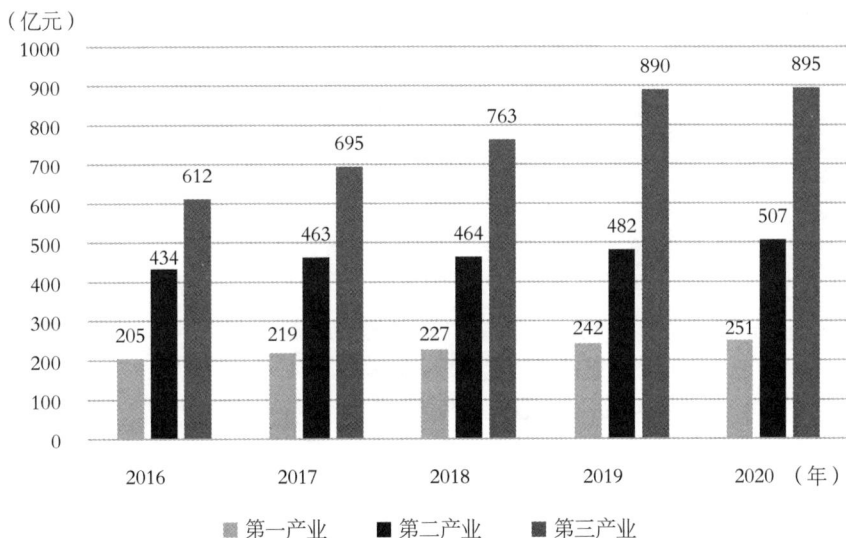

图 3-3 广西海洋三大产业增加值情况（2016—2020 年）

资料来源：历年广西海洋经济统计公报。

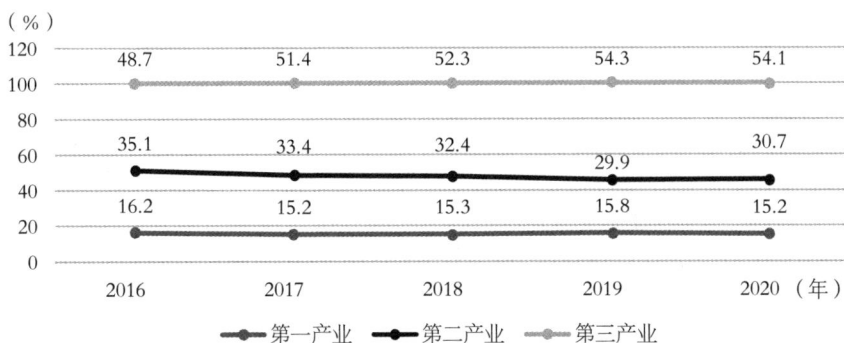

图 3-5 广西海洋第一、二、三产业比重（2016—2020 年）

资料来源：历年广西海洋经济统计公报。

三产业增加值逐年上升，尤其是海洋第三产业增长迅速，产业结构得到不断优化。

3.部分海洋产业发展迅速。近年来，随着广西加快北部湾港口城市群建设，大力打造具有较强国际竞争力的沿海产业集群，加快推进海洋强区建设，广西的海洋交通运输业、海洋工程建筑业、滨海旅游业及海洋渔业等主要海洋产业发展迅速，同时，海洋生物医药业、海洋化工业及海洋科研教育管理服务业等新兴产业也得到了较快增长（见图3-6）。

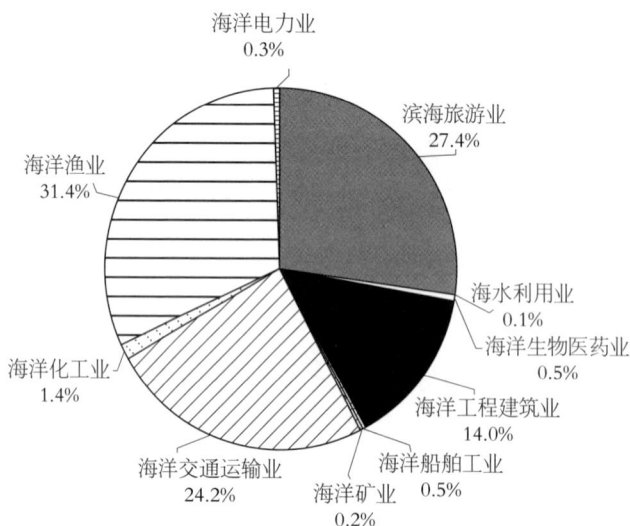

图3-6　广西主要海洋产业增加值构成（2020年）
资料来源：历年广西海洋经济统计公报。

一是广西海洋交通运输业迅速发展。随着我国"一带一路"倡议的实施、CAFTA的成立及西部陆海新通道建设的持续稳步推进，对广西海洋各产业影响最大的无疑是海洋交通运输业。由于近年来，我国与东盟贸易额不断增长，尤其是2020年，东盟更是超越了欧美成为我国的第一大贸易伙伴，激增的货运量也促进了广西海洋交通运输

业的迅速发展。2018—2020 年，广西海洋交通运输业连续 3 年实现
两位数增长，2020 年虽然遇到新冠肺炎疫情，但仍逆市上扬，增速
达到了 12.7%，创 3 年来的新高，如表 3-3 所示。海洋交通运输业的
不断壮大，2020 年，广西北部湾港口吞吐量达 29567 万吨，同比增
长 15.64%，相较 2016 年大幅增长了 44.99%（见图 3-7），其中集装
箱吞吐量达 505.16 万标箱，同比增长 32.23%；海洋运输货运量完成
0.65 亿吨，货物周转量完成 830.26 亿吨公里。同时，受港口建设提
速发展的影响，广西海洋工程建筑业也保持了较快的增长，2020 年
海洋工程建筑业实现增加值 118 亿元，比 2019 年增长 8.3%。

表 3-3 广西主要海洋产业产值变化情况表（2018—2020 年）

| 年份 | 2018 年 | | 2019 年 | | 2020 年 | |
|---|---|---|---|---|---|---|
| 指标名称 | 增加值（亿元） | 增速（%） | 增加值（亿元） | 增速（%） | 增加值（亿元） | 增速（%） |
| 海洋交通运输业 | 166.0 | 11.4 | 181.0 | 11.5 | 204.0 | 12.7 |
| 滨海旅游业 | 204.0 | 30.7 | 273.0 | 34.3 | 231.0 | −15.4 |
| 海洋渔业 | 243.0 | 5.0 | 255.0 | 12.3 | 265.0 | 3.9 |
| 海洋工程建筑业 | 116.0 | 5.5 | 109.0 | −6.0 | 118.0 | 8.3 |
| 海洋化工业 | 11.0 | 8.3 | 12.0 | 9.0 | 12.0 | 0 |
| 海洋船舶工业 | 3.6 | −50.0 | 3.7 | 2.7 | 3.8 | 2.7 |
| 海洋药物与生物制品业 | 2.0 | 0 | 4.0 | 100.0 | 4.5 | 12.5 |
| 海洋矿业 | 1.0 | 0 | 1.0 | 0 | 1.7 | 70.0 |
| 海洋电力业 | 0.8 | 0 | 1.4 | 75.0 | 2.8 | 100.0 |
| 海水利用业 | 0.7 | 16.7 | 0.7 | 0 | 0.8 | 14.3 |
| 海洋科研教育管理服务业 | 195.0 | 17.5 | 213.0 | 9.7 | 237.0 | 11.3 |
| 海洋其他相关产业 | 511.0 | 6.8 | 558.0 | 11.8 | 570.0 | 2.2 |

资料来源：历年广西海洋经济统计公报。

二是滨海旅游产业发展迅速。广西拥有北海银滩国家旅游度假

（万吨）

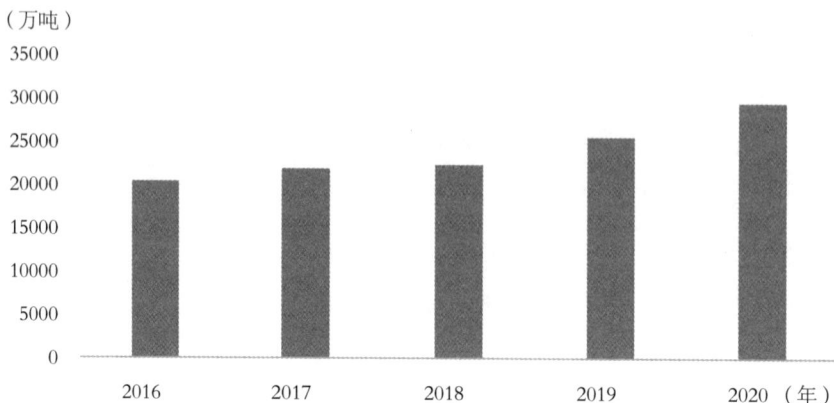

图 3-7　广西北部湾港口吞吐量情况表（2016—2020 年)
资料来源：历年广西海洋经济统计公报。

区、涠洲岛自治区级旅游度假区、防城港市江山半岛旅游度假区以及
钦州市七十二泾景区等景区，旅游资源丰富，风景绮丽，且极具特
色，京、瑶、壮民族风情独特浓郁。广西背靠大西南，东临粤港澳，
南接东南亚，与越南更是山水相连，地处华南经济圈、西南经济圈和
东盟经济圈交汇处，具有沿海、沿边和沿江的地理位置优势。凭借优
越的区位优势，广西将丰富的滨海旅游资源优势转化为现实经济产业
优势。近年来，广西加快了滨海旅游资源的开发，并实施了一系列加
快滨海旅游产业高质量发展的政策措施。2016—2019 年，广西滨海
旅游业均实现了 20% 以上的高速增长，尤其是 2017 年、2019 年增速
分别达到了 40.5% 和 34.3%，虽然 2020 年受新冠肺炎疫情影响，滨
海旅游及相关食宿餐饮业明显下降，产值同比下降 15.4%，但 2020
年全年仍实现了增加值 231 亿元，超过 2016—2018 年的增加值水平
（见图 3-8）。

三是海洋新兴产业发展迅速。除了海洋交通运输业、滨海旅游业
等传统支柱产业外，广西一批海洋新兴产业也实现了较快增长。首

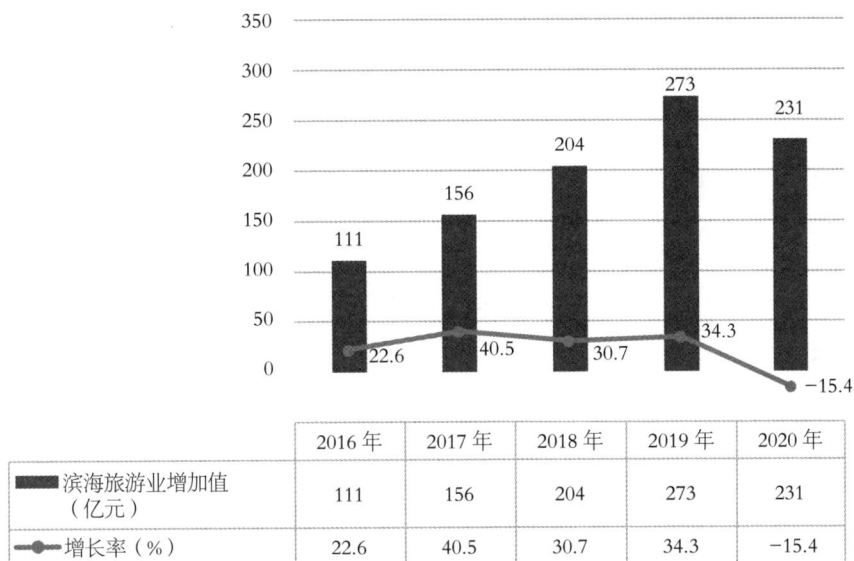

| | 2016 年 | 2017 年 | 2018 年 | 2019 年 | 2020 年 |
|---|---|---|---|---|---|
| ■ 滨海旅游业增加值（亿元） | 111 | 156 | 204 | 273 | 231 |
| ● 增长率（%） | 22.6 | 40.5 | 30.7 | 34.3 | −15.4 |

图 3-8 广西滨海旅游业增加值情况表（2016—2020 年）

资料来源：历年广西海洋经济统计公报。

先，西部陆海新通道建设的顺利推进和对东盟国家市场的不断拓展，促进了海洋化工业、海洋生物医药业的发展。海洋化工业包括海盐化工、海水化工、海藻化工及海洋石油化工等化工产品生产活动。2018—2019 年，广西海洋化工业保持 8.3%、9% 的快速增长，虽然 2020 年受新冠肺炎疫情影响，相关化工业受市场波动影响增长缓慢，但 2020 年广西海洋化工业仍实现了 12 亿元的增加值，与 2019 年基本持平。其次，海洋科研教育管理服务业迅速发展。海洋科研教育管理服务业包括海洋信息服务业、海洋科学研究业、海洋技术服务业、海洋教育业等多项内容。近年来，随着广西对海洋资源的开发走向深入，在开发、利用和保护海洋过程中对相关科研、教育、管理等服务需求的不断增大，促进了广西海洋科研教育管理服务业的快速发展。2018—2020 年，广西海洋科研教育管理服务业均保持了 9% 以上的快速增长，2020 年实现增加值达 237 亿元，占广西当年海洋经济生产总值的 14.35%。再次，其他海洋新兴产业增长迅速。如海水利用业，受防城港核电站加大产能影响，其海水冷却用水量持续增加，2020年广西海水利用业实现增加值 0.8 亿元，比 2019 年增加 14.3%。近年来，在国家政策的大力推进下，广西高度重视海洋电力业的发展，加快了海洋电力业的建设步伐，2020 年 4 月广西投资集团与中国能源建设集团广西电力设计研究院共同投资成立广投海上风电合资公司；同月中广核、华能公司的海洋电力项目陆续入桂；9 月，广西首个海上漂浮式测风塔——华能广西海上风电测风塔 EPC 工程航标工程完成验收；同月，中国船舶集团广西公司海上风电产业基地南翼项目签约。2020 年，广西海洋电力业增加值达到 2.8 亿元，比 2019 年增长 100%。

### (二) 广西发展向海经济的重点建设领域

1. 加强向海通道建设。一是推进陆海联动通道建设。首先，积极推动广西东部向海通道的产能升级，加快建设南深高铁（南宁至玉林段、玉林至珠三角枢纽机场段）、焦柳铁路怀化至柳州段电气化改造项目、合浦至湛江高铁、松旺至铁山港高速公路、合浦至铁山港铁路等项目。其次，积极推动广西中部向海通道的关键节点建设。加快推进贵阳至南宁高铁、大塘至浦北高速公路、吴圩机场至隆安高速公路、横县至钦州港高速公路、钦州北环线高速公路、南宁至北海高速公路等项目的相关工作。再次，加快推动广西西部向海通道的建设，确保西线通道的整体贯通。如加快推进了黄桶至百色铁路项目以及天峨至北海高速公路等项目。最后，在各大向海通道打通"最后一公里"方面，广西加快推进龙胜至峒中口岸高速公路、铁山港至石头埠铁路支线、广西沿海铁路钦港支线扩能改造等项目，最终达到向海经济瓶颈得到有效突破的目的。预计到2022年，广西将重点实施的向海陆路通道重大工程将达到29个，项目总投资将达到4414亿元。

二是推动江海联通通道建设。广西将打通更便捷顺畅的江海联通通道的重点工作放在加快重点航道和通航设施建设方面。重点推进西部陆海新通道（平陆）运河、内河"一干七支"航道、贵港至梧州3000吨级航道工程、柳江柳州至石龙三江口Ⅱ级航道工程、右江航道整治工程、来宾至桂平2000吨级航道工程等运河及航道建设。同时大力推进长洲枢纽五线船闸、大藤峡枢纽二线三线船闸、西津水利枢纽二线船闸工程、红花水利枢纽二线船闸工程等项目工程建设。预计到2022年，广西重点实施的江海联通通道建设重大工程将达到8个，总投资约为1351亿元。最终实现西江航运干线和北部湾港口的顺畅联通，打造通江达海的新通道。

三是打造北部湾国际门户港。首先，加快北部湾国际门户港发展的顶层设计。加快推进编制北部湾门户港的各项发展规划，将智慧、现代、绿色、枢纽等现代港口发展理念融入港口规划编制，将北部湾港口群打造成西部陆海新通道最主要的国际门户。其次，加强北部湾港口群的基础设施建设。现阶段，广西将重点加强钦州、北海、防城港港口作业区重要泊位工程，如加快推进防城港企沙港区赤沙作业区1号2号泊位工程、钦州港大榄坪港区大榄坪南作业区9号10号泊位工程、北海港铁山港西港区北暮作业区南7号至南10号泊位工程等。同时，注重提升北部湾港口群航道通行能力。将加快完成北海国际客运港航道扩建、北海港铁山港区航道三期工程、防城港企沙港区潭油作业区进港航道一期工程等一批提升航道扩容提质的重点工程。加快开工一批如建设防城港30万吨级进港航道工程、北海港铁山港区 30 万吨级进港航道工程等能极大提升北部湾港口群航道通航能力的重大项目，并基于此，开展沿海港口型物流枢纽、联运物流中心和内陆各市国际铁路港物流基础设施建设。预计到 2022 年，北部湾国际门户港推进重大项目 31 个，预计总投资将达到 897 亿元。

四是推进空港出海通道建设。加快空港出海通道建设将是广西加强向海通道建设的重点内容之一。目前，广西将依据区域内现有的空港基础设施，加快推动一批机场改扩建工程。如将重点加快南宁机场改扩建工程建设、防城港机场、贺州机场、桂平军民合用机场、柳州机场新建联络道、北海第二机场、南宁机场国内公共货站二期等重大项目。预计到 2022 年，广西空港出海通道建设重大项目的总投资将达到 94 亿元。

2. 加强向海科技创新。一是强化向海科技创新支撑。首先，加强与国内发达地区及沿海地区的科技合作。广西将加快涉海企业创新孵化服务中心平台建设，为涉海企业创业创新提供更为良好的环境和优质服务。同时，将推动建立陆海协作的科创平台和向海产业高新技术创业服务中心，完善对向海经济高新技术产业的发展支撑。其次，加强与国内高校及知名科研院所合作。大力支持鼓励钦州、北海、防城港等相关园区引进国际级重点实验室、科研院所、"双一流"高校相关研究机构或分支机构等，逐步在北部湾港口群构建广西向海经济重大科技基础设施平台。目前，广西已开始推动自然资源部第四海洋研究所、中国—东盟国家海洋科技联合研发中心建设等一批重点科技项目落地。同时，广西大力支持和鼓励本地高校研究机构积极利用区内外资源，组建集基础研究与应用于一体的本土综合性海洋研究机构。再次，高度重视人才引培。广西目前已出台了一系列如"人才服务绿卡"、开辟服务高端人才绿色通道、建立人才"一站式"服务平台等政策措施，大力引进、培养海洋领域高端领军人才。预计到 2022 年，广西将建成涉海领域自治区级重点实验室 5 个，并建成一批具有区域特色，达到区域先进技术水平的向海技术创新中心、研发中心、研究中心等机构。

二是壮大向海科技企业群体。首先，积极打造广西向海经济产业新业态。大力支持广西涉海领域企业开展科技创新，支持向海高新技术企业在沿海地区形成产业集群及产业链。如重点加快推进南南铝业、柳工、上汽通用五菱、玉柴等广西本土骨干企业向智能化、智慧化转型，逐渐形成区域技术优势和产业优势。其次，加快北部湾地区创新示范城市建设。通过示范效应带动周边科技创新发展，形成北部湾城市群创新链。目前，广西已开展北海国家海洋经济创新发展示范城市建设，并加快推进广西精工、桂林集琦、南洋船舶、北海源生等一批涉海领军企业构建企业创新集群，形成相关涉海企业产业链协同创新与产业孵化集聚创新的趋势。预计到 2022 年，广西将培育向海产业高新技术领军企业超过 25 家，形成科技协同创新产业链达到 16 条以上。

三是提升向海数字经济创新能力。首先，加快广西"数字海洋"创新工程建设。以我国加快推进新基建为契机，广西将加快北部湾智慧港口建设，如推进北部湾港区 5G 技术建设应用、北部湾智慧港口建设及升级、建设北海、钦州、防城港无人智能码头、加快建设广西向海产业大数据平台等。其次，加快北斗卫星导航系统在北部湾地区的深度应用，如绘制广西海底全息地形地貌、数字化感知广西海洋生态环境、监控海洋态势等。加大海洋运输、海洋能源领域的数值化运用。并大力推动建设北部湾"智慧渔场"，提高广西远洋捕捞智慧化数字化水平。

3.加强向海开放合作。一是加快向海开放国际间合作。首先，不断增进广西与"一带一路"沿线国家和地区尤其是东盟国家向海经济产业的经贸往来。大力支持和鼓励广西有实力的涉海企业向外投资，在海外建立产业基地，加强与这些国家在涉海产业方面的供应链合作。同时，大力支持北部湾沿海地区城市积极申报国家级进口贸易促进创新示范区，重点推进这些城市与东盟国家加合作园区的提质升级，如加快泰国正大—广西建工科技产业园、菲律宾亚联（A-link）钢铁厂、中国（广西）—文莱渔业合作示范区等一批重点对外投资项目建设。其次，加强与东盟国家在向海经济产业领域的交流。如每年定期举办中国—东盟国家蓝色经济论坛等活动，不断提升广西与东盟国家在向海经济产业领域交流合作水平。

二是加快向海开放地区间合作。首先，加强与内陆省市的交流合作。广西目前向海产业链对接的主攻方向为四川、重庆、贵州、陕西、甘肃等省市，并加大力度推动这些省市在北部湾地区建立飞地园区。如广西与四川共同推进的川桂国际产能合作产业园等。其次，加强与粤港澳大湾区的合作。目前，粤桂（贵港）热电循环经济产业园、深圳巴马大健康合作特别试验区、深圳百色产业园等一批北部湾、粤港澳大湾区"两湾"合作重大项目建设正在有序推进。未来广西将与粤港澳大湾区建立更紧密的经贸关系，探索在《内地与香港关于建立更紧密经贸关系的安排》（CEPA）框架下建立先行先试示范基地。预计到 2022 年，广西北部湾地区建立的飞地园区将达到 20 个，形成 11 个"东融"向海经济产业集群及 23 条相关产业链。

三是加快向海开放合作平台建设。首先，加强广西区内各类特色产业园和园区的建设。如加强中国和马来西亚"两国双园"（即中国—马来西亚钦州产业园、马来西亚—中国关丹产业园）升级版建设，大力支持文莱—广西经济走廊合作机制，加快标志性项目建设等。不断推动区内产能、产业、资源、经贸等领域向海开放双向合作。其次，加强各类对外开放合作试验区平台的建设。如加强上汽通用五菱在印度尼西亚的汽车生产工厂、中国—东盟矿业产业园、中德（柳州）工业园、防城港国际医学开放试验区等项目的建设，探索建立"一带一路"向海经济北部湾先行区。

4. 加强向海生态保护。一是实施流域海域综合治理。首先，加强广西北部湾近岸海域、沿海陆域生态环境治理。重点开展海域污染源、陆域污染源排查治理项目，如实施养殖、生活、工业、农业面源等污染综合治理、沿海"三线一单"①分区环境管控、南流江、九洲江、钦江等重点流域环境治理和生态保护工程、入海排污口溯源整治工程等一批海域环保重点项目。其次，加强北部湾沿海自然保护区、生态保护红线区和围填海工程生态环境监管。预计到 2022 年，北部湾将实现沿海工业企业入海排污口排放达标率 100%，重点海水质量、海域环境持续改善，入海河流断面和近岸海域水质达到国家标准的目标。

二是加大海洋生态保护修复力度。首先，加强北部湾海岸带保护修复工程。如加快推动"蓝色海湾"综合整治行动、不断升级对红树林、滨海湿地、海草床、珊瑚礁等的保护。重点开展对防城港等地区生态环境和核辐射监测，不断提升北部湾地区整体海洋预警预报和防灾减灾能力。其次，加快北部湾重点环保区域生态环境修复。如加快受损岸线、海湾、河口、海岛和典型海洋生态系统等重点区域的结构

---

① 2018 年 6 月 24 日，《中共中央 国务院关于全面加强生态环境保护 坚决打好污染防治攻坚战的意见》中提出"省级党委和政府加快确定生态保护红线、环境质量底线、资源利用上线，制定生态环境准入清单"，称为"三线一单"。

和功能修复，加快广西涠洲岛珊瑚礁国家级海洋公园的建设等。预计到 2022 年，北部湾自然岸线保有率不低于 35%，修复红树林面积达 1000 公顷，新建滨海湿地公园 1 个。

### 三、与东盟向海合作快速升温

中国和东盟国家拥有漫长的海岸线，海域辽阔，海洋资源丰富。如中国 3.2 万千米的海岸线，印度尼西亚海岸线达 3.5 万千米，菲律宾为 1.85 万千米，马来西亚为 4192 千米，越南为 3260 千米，缅甸为 3200 千米，泰国为 2705 千米，东盟十国除老挝外均有海岸线，这些使我国与东盟国家发展向海经济和向海产业，开展向海合作具备了得天独厚的条件。

#### （一）中国与东盟海洋经济产业快速发展

近年来，中国的海洋经济高速发展，海洋产业成为我国国民经济的重要组成部分。2020 年全国海洋生产总值 8 万亿元，占沿海地区生产总值的比重为 14.9%。随着我国向海经济和相关产业的发展，海洋传统产业转型升级的速度不断加快，如我国海洋船舶工业自主研发能力不断增强，我国的海洋油气勘探不断向深远海拓展。同时，我国的海洋新兴产业正在加速兴起，当前，我国已经是海洋工程装备承接订单量世界排名第一的国家。在海水利用、海洋能源、海洋生物医药领域也发展迅速。海洋科技创新成果逐年增加，并在沿海地区建成了多个国家级海洋高新技术产业基地和示范园区。

东盟国家除老挝外均为海洋国家，海域辽阔，海岸线漫长，海洋资源丰富。东盟国家的海岸线总长度约为 17.3 万千米，距离海岸线

100 千米范围内的人口约占总人口的 71%。21 世纪初，世界上 18 个超过 1000 万人口的大城市中，就有 4 个在东盟国家①。该地区是全球海产品主要的出口地区，泰国、越南海产品出口总量分别位列海产品出口国的第二名和第三名，世界港口前 100 名中有 9 个在东盟国家，海洋产业的增加值约占东盟国家 GDP 的 15%～20%②。随着东盟海洋经济的快速发展，涉海产业在经济与社会发展中扮演着重要的角色。

从东盟国家向海经济发展的内部情况看，其中，印度尼西亚是世界上最大的岛屿国家，拥有世界上第二长的海岸线。近年来，印度尼西亚向海产业发展迅猛，已经逐渐成长为该国经济的支柱产业之一。马来西亚也是东盟传统的海洋产业强国，其巴生港和丹戎帕拉帕斯港分别是世界排名第 11 位和第 19 位的集装箱港。近年来，马来西亚对外贸易高速发展也带动了海洋交通运输业的蓬勃发展。菲律宾是世界上重要的渔业生产国之一，近年来日本、韩国及欧美国家在菲律宾投资日渐增多，也带动了菲律宾向海产业的高速发展，如菲律宾的船舶制造工业发展迅速，目前已经成为世界第四大造船国。新加坡是传统的向海经济强国，其不仅是世界第二大集装箱港，也是世界重要的海洋战略枢纽，其临港工业起步早、发展水平高，区域竞争力强。新加坡还加强与西方大型石油公司合作，目前新加坡已经发展成为世界第三大炼油中心。泰国同样具有丰富的海洋资源，尤其是渔业资源深厚，是世界排名前十的渔业大国。同时，泰国滨海旅游产业发达，每年赴泰国旅游的游客以千万计，滨海旅游业已经成为泰国创汇最主要

---

① G. C. Sosmena, "Marine Health Hazards in Southeast Asia", *Marine Policy*, Vol.18, No.2 (1994), pp.175–182.

② Pemsea, "The Marine Economy in Times of Change", *Tropical Coasts*, Vol.16, No.1 (2009), pp.4–16.

渠道之一。

## （二）广西与东盟向海经济合作提速升级

广西是中国西部地区唯一的沿海省级行政区，是中国距离东盟最近的出海口，海岸线约1600千米，海域面积4万多平方千米，海洋资源富集，海港条件优越，涉海产业众多，海洋文化源远流长。近年来，广西加快了与东盟国家发展向海经济合作的步伐，2020年9月中共广西壮族自治区委员会提出，广西将全力推动向海经济加快发展，与越南、文莱、马来西亚、泰国等国家和地区持续加强海洋特色产业合作，广西将深耕蓝海，深耕东盟，合作共建一批海洋产业园和经贸合作区，不断提升向海开放合作水平。

1. 大力发展向海交通运输产业。一是广西大力拓展面向东盟的向海交通运输网络。近年来，广西致力于整合陆海运输资源，不断拓展面向东盟的交通运输线路。如增开北部湾港至东南亚、东北亚地区及东盟国家的直达航线、增开至新加坡的班轮、北部湾港至欧美、非洲等地区新的远洋航线等。其次，是加强国内与东盟国家交通枢纽建设。如常态化开行与重庆、贵州、甘肃、云南、四川等省市班列。加快推进南宁区域性国际航空物流枢纽建设和国际铁路联运物流枢纽建设，加快南宁、防城港、钦州、崇左等市物流核心节点建设，不断提升广西向海交通运输产业容量和供给水平。预计到2022年，广西北部湾港口的货物吞吐量将突破4亿吨，年均增速保持在15%以上；北部湾港口群集装箱吞吐量达到700万标箱，年均增速达20%以上；海铁联运集装箱运输量将达到35万标箱。

2. 大力发展滨海文旅产业。一是加快打造滨海旅游精品线路。广西目前集中力量统筹开发北部湾地区江海、山海、边海旅游精品线路，已经培育了北部湾休闲度假游、中越边关跨国风情游、海上丝路邮轮游、西江生态旅游等特色精品旅游线路，打造一批滨海旅游特色精品品牌。同时正在加快建设广西边海国家风景道、中越德天—板约国际旅游合作区等大型滨海旅游项目。二是加强滨海旅游与文旅产业联动发展。推动形成"文旅 + 大健康 + 滨海旅游"的协作模式，积极打造滨海文旅产业新业态。如加快北部湾国际滨海度假胜地和北海邮轮母港建设步伐、推进巴马国际长寿养生胜地升级及与北部湾区域的联动发展、推动桂林国际旅游胜地提质增效等。

3.培育海上风电产业。目前，广西以加快建设海上风电产业园及沿海风电产业集群为重点，大力发展风电开发和相关配套产业链，大力支持风电装备制造业及海上风电服务业的发展，力争将北部湾地区风电产业建成特色鲜明、布局合理，规模化、集约化、可持续开发的面向东盟的海上风电产业。当前已重点推进的项目有海上风电和海洋牧场试点项目、广西海上风电产业园南宁风电科技园、广西北部湾海上风电基地、北部湾海上风电示范项目等项目。预计到 2022 年，广西海上风电产业装机容量将达到 100 万千瓦以上。

4.大力发展向海新装备、新材料、新能源产业。一是加强向海装备制造业的培育。当前，广西在向海装备制造业方面重点培育现代远洋船舶修造、海洋装备零部件和配套设备等。已经启动并开始建设的项目有推进中船钦州大型海工修造及保障基地、北海南洋船舶海工装备综合体及玉林龙潭产业园等。二是加快打造向海新材料、新能源产业。重点扶持新材料向高性能化、高智能化发展，新能源向清洁环保、规模化方向发展。如大力推动钦州卓能锂电、北海信义玻璃、玉林锂电新能源材料和金属新材料等项目建设。推进防城港和钦州港生物柴油、中马钦州产业园区协鑫分布式能源等项目建设。推动防城港红沙核电项目（三期）、白龙核电项目（一期）建设。预计到 2022 年，广西向海新装备、新材料、新能源等总产值将进一步实现新突破。

5. 大力发展海洋生物制药产业。一是加快与国内发达地区制药企业合作。支持和鼓励广西企业加强与国内发达地区大型制药企业合作，支持其共同开展技术攻关、技术共享、共同开展科学研究项目等，争取在北部湾地区打造一批具有自主知识产权的海洋生物制药及生物制品龙头企业。目前，南宁经济技术开发区、桂林高新技术产业开发区等涉海生物医药产业聚集区、梧州高新技术产业开发区、防城港国际医学开放实验区（中国）医学创新赋能中心、玉林中医药健康产业园等一批重大医药合作项目建设正在加速推进中。二是大力扶持本土医药特色骨干企业。在充分利用和发挥南宁、柳州、桂林等地医疗技术和人才优势的基础上，大力扶持一批如广西慧宝源国发海洋生物、广西南珠制药有限公司、北海生巴达生物科技有限公司等本地制药企业，支持其重点发展仿制药、抗癌药、创新药及检测试剂等。预计 2022 年，广西生物制药产业增速将达到 15%。

6. 现代海洋渔业。一是促进传统渔业转型升级。以升级改造北海内港、南漟、钦州犀牛脚、防城港企沙中心渔港等传统渔港为契机，打造一批现代渔港经济区。在北部湾地区积极推进"蓝色粮仓"和"海洋牧场"建设，加快如防城港市白龙珍珠湾、北海银滩南部海域国家级海洋牧场示范区建设，重点推广深海抗风浪网箱生态养殖。二是壮大海产品深加工产业。加强如南珠产业标准化示范基地、防城港北部湾国际生鲜冷链、建立北海、防城港市海产品精深加工集聚区、北海福达国际农商冷链项目等一批海产品深加工重大项目建设。预计到 2022 年，广西海产品总产量将超过 219 万吨，海洋渔业总产值将达到 760 亿元以上。

# 第四章
# RCEP 框架下湘桂向海经济走廊支撑条件分析

在 RCEP 签署背景下，湘桂两省区合作基础的不断深化以及国内、国际合作出现的新形势、新变化，为新发展格局下湘桂向海经济走廊建设带来了新的机遇，提供了新的支撑，推动其不断走深走实。

## 一、湘桂合作条件支持

近年来，随着中国—东盟自贸区、"一带一路"、西部陆海新通道、RCEP 的签署等一系列国家战略的不断出台，广西与湖南加快对接 RCEP 大市场，加大区域合作，加快立体交通联结，向海发展要素快速集聚，为 RCEP 框架下湘桂向海经济走廊的建设奠定了坚实的基础。

## （一）对接 RCEP 的需求旺盛

《区域全面经济伙伴关系协定》（RCEP）是 2012 年由东盟发起，由中国、日本、韩国、澳大利亚、新西兰以及东盟 10 个国家共同制定的协定。RCEP 覆盖世界近一半人口和近三分之一贸易量，是当前世界上人口最多、经贸规模最大、最具发展潜力的自由贸易区。

RCEP 自贸区的建成是东亚区域经济一体化进程中具有里程碑意义的大事，有利于强化成员间生产分工合作，促进域内经济要素自由流动，拉动区域内消费市场扩容升级，促进区域产业链、供应链和价值链的融合，进一步提升自贸协定带来的贸易创造效应。RCEP 的签署，也标志着我国自贸区战略实施进入新阶段。RCEP 的主要内容包括框架、货物贸易、原产地累积规则、服务贸易等十个方面。货物贸易方面，RCEP 成员国之间在农业产业链上的互补性比较强，我国具有出口潜力和优势的很多农产品将从中获益。同时，RCEP 还将带来汽车零部件关税降低，有效地帮助中国汽车整车生产企业降低生产成本。服务贸易方面，RCEP 将在生产性服务业、跨境电商、物流业、与贸易相关的金融业等领域带来大量发展机遇。而 RCEP 的原产地累计规则也会带来区域内贸易的扩大效应以及产业链供应链的巩固。

在 RCEP 背景下，广西、湖南具有对接 RECP 的强烈需求。一方面，广西作为中国面向东盟的开放门户，是我国唯一一个与东盟国家陆海相邻的省区，其首府南宁是中国—东盟博览会的永久举办城市，同时西部陆海新通道、建设面向东盟的金融开放门户、中国—东盟信息港中国（广西）自由贸易试验区等国家战略在广西集成实施，而且广西与东盟国家的经贸往来逐年向更高水平迈进，东盟连续 20 年是广西最大贸易伙伴，因此，先天的区位、政策优势以及强劲的经贸合作现实，都决定了未来广西必然加快与 RCEP 自贸区对接。另一方面，湖南与 RCEP 成员国经贸往来也日益密切，东盟目前已经成为湖南最大贸易伙伴，湖南在东盟国家投资保持强劲势头，湖南也是西部陆海新通道的重要参与者。因此，对接 RCEP 必然是未来湖南发展的重中之重。而广西对接东盟的有利的区位条件，决定了湖南必然加快和广西合作，依托西部陆海新通道，建设湘桂向海经济走廊，深化向海发展。两省区的合作，将大大改变二者的要素禀赋、产业结构、发展路径、开放模式，有助于湘桂深化与东盟和东亚国家的分工关系，进一步扩大其市场规模和辐射能力，提升两省区在区域乃至国家发展中的地位和作用。从现实中也可以看到，随着RCEP自贸区建设的不断推进，广西、湖南掀起全面对接RCEP，搭乘RCEP发展快车的浪潮。

---

**专栏　广西、湖南精准对接RECP**

广西：《中国共产党广西壮族自治区委员会关于制定国民经济和社会发展第十四个五年规划和二〇三五年远景目标的建议》明确指出要"以南向为引领，以东融为重点，以北联和西合为协同，全面对接粤港澳大湾区建设，协同西南、西北、中南地区深化与东盟国家、RCEP成员国和'一带一路'沿线地区合作，把独特区位优势转化为开放发展优势。""从服务'10+1'向服务RCEP和'一带一路'拓展。"广西贸促会率先出台《服务〈区域全面经济伙伴关系协定〉（RCEP）行动计划》，涵盖关税筹划服务、原产地规则培训服务、搭建RCEP商事法律合作平台等多项措施，为广西企业"走出去"提供RCEP协定项下优惠关税指导。钦州港海关联合有关单位制定RCEP政策指导计划，利用线上、线下相结合，围绕国家、商品等不同专题开展全方位、立体式政策宣讲。2021年已累计开展企业培训6次，涵盖企业人员逾150人次，助力企业了解RCEP原产地规则，并将其融入企业外贸发展规划，更好的享受政策红利、搭乘"RCEP发展快车"。

湖南：《湖南省国民经济和社会发展第十四个五年规划和二〇三五年远景目标纲要》全文多次提到RCEP，指出"以加快融入区域全面经济伙伴关系协定（RCEP）和中欧全面投资协定为主要导向，推进自贸试验区长沙、岳阳、郴州三大片区发展。""积极主动融入共建'一带一路'，积极实施区域全面经济伙伴关系协定（RCEP），参与打造沿线区域合作的贸易流、产业带、联通网和人文圈，建设辐射带动力强的重要开放门户。""深入对接制度开放，突出抓好RCEP框架下与东非、东盟的深度合作。"湖南省政协、湖南省商务厅分别开展《在RCEP框架下深化湖南与东盟经贸合作》《RCEP框架下湖南与RCEP成员国经贸合作》课题研究，全方位研究如何抓住RCEP签署的重大机遇，进一步优化发展湖南与RCEP成员国之间的经贸合作。长沙海关提前做好湖南主要进出口商品适用RCEP原产地规则享惠情况分析，确保协定生效后高质量受理进出口企业享惠申报和提供签证服务，同时鼓励进出口企业开展自由贸易协定政策研究，通过享受国家自由贸易政策优惠关税红利，获取更大的经济效益。

广西对接东盟需求旺盛。对接东盟方面优越的区位条件以及"一带一路"、中国（广西）自由贸易试验区、西部陆海新通道、广西建设面向东盟金融开放门户等利好政策的集成，广西与东盟国家双边合作发展势头十分良好。贸易方面，广西与东盟经贸往来不断升级，东盟连续 20 年成为广西最大贸易伙伴。广西对东盟进出口总额由 2016 年的 1835 亿元增加到 2020 年的 2376 亿元，年均增长 6.66%，占全区进出口额比重基本维持在 50% 左右（见图 4-1）。与东盟的跨境结算方面，2020 年广西跨境人民币结算量为 1557 亿元，在中国西部 12 个省（区）和 9 个边境省（区）中排名第一，其中与东盟跨境结算量为 681 亿元，占广西与东盟本外币跨境收支的 60%。

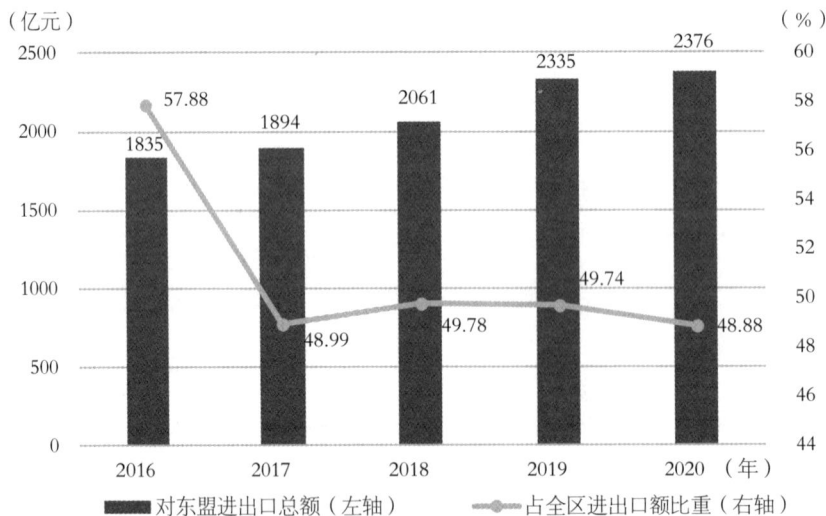

图 4-1　广西对东盟进出口总额及占比情况（2016—2020 年）
数据来源：根据相关年份的《广西统计年鉴》整理。

湖南对接 RCEP 需求旺盛。近年来，湖南对 RCEP 成员国贸易额逐年攀升。湖南与 RCEP 成员国经贸往来密切，一直以来，东盟、韩国、澳大利亚、日本就是湖南省的主要贸易伙伴。从 2012 年启动贸易协定谈判起，湖南省对 RCEP 成员国贸易额逐年攀升，2019 年湖南对 RCEP 成员国进出口总额 1207.8 亿元，增长 48.6%。2020 年，湖南对 RCEP 成员国的进出口贸易增速高出同期全省进出口增幅 15.6 个百分点①。2020 年，湖南省与东盟十国贸易总额达 810.3 亿元，占湖南外贸总额的 16.6%，东盟十国首次成为湖南第一大贸易伙伴（见图 4–2）②。湖南的邵阳与东盟经贸往来密切，在东盟地区投资兴业的邵商约有 10 万人，邵商在东盟投资的企业近 2000 家，总数和投资额均居湖南第一③。

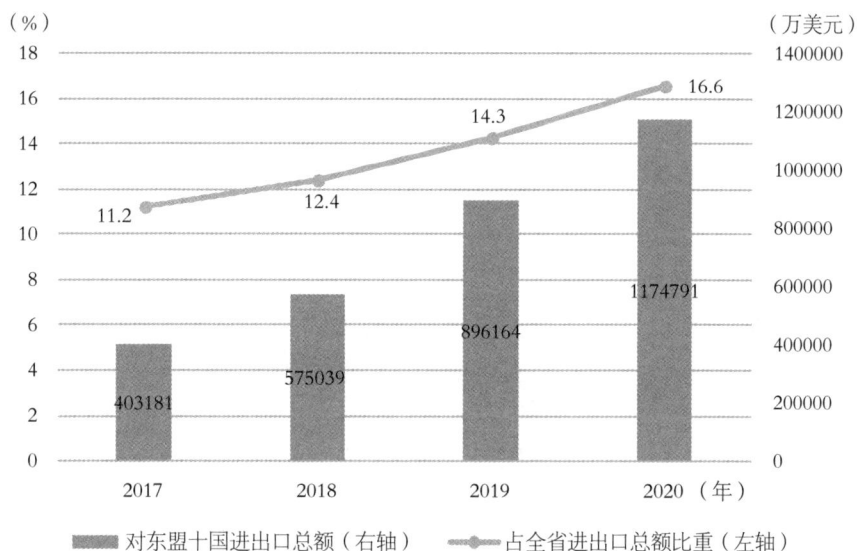

图 4–2　湖南省对东盟进出口总额及占比情况（2017—2020 年)

数据来源: 根据相关年份的《湖南省统计年鉴》整理。

---

① 《全球最大的自贸区成立，湖南利好几何》，2020 年 11 月 22 日，见 http://www.hu-nan.gov.cn/hnszf/hnyw/sy/hnyw1/202011/t20201122_13963680.html。

② 《湖南直达东盟国际货运班列首发》，2021 年 3 月 31 日，见 http://www.xinhuanet.com/fortune/2021–03/31/c_1127278744.htm。

③ 《第五届全球邵商大会东盟产业对接会召开八个项目签约》，《邵阳日报》2020 年 12 月 25 日。

**专栏 十万邵商闯东盟**

邵商是湖南邵阳商人的总称，在业内与温商齐名。20世纪70年代始，国内中部地区最早的村办企业、民营企业、小商品专业市场和民营经济实验开发区，多为邵商创办。到20世纪80年代，邵商从"地摊经济""扁担经济"起步，挑着小商品走村串巷，一步步走向全国，贩卖的商品从钮扣、牙刷、小五金等小商品发展到烟酒茶等小百货，逐渐形成一个庞大的"游商部落"，足迹从珠三角、长三角地区向全国乃至东盟辐射。

在东盟的邵商，是一股令人惊叹的力量。在老挝、泰国、越南、印度尼西亚、马来西亚、柬埔寨、缅甸等地，到处都是邵阳人兴办的红木加工厂、橡胶加工厂、柴油机厂。邵阳市在东盟国家和地区投资兴业的邵商约10万人，遍布东盟十国，企业近2000家，其中生产型企业300多家，商贸企业1000多家，投资行业主要为摩托车、手机、家用电器、五金工具、日用百货、农产品加工、矿产资源开发等，总数和投资额均居湖南省前列。泰国湖南工业园、老挝湖南工业园、越南湖南商贸物流工业园、印度尼西亚湖南工业园等，全部由邵阳商人投资创建，早在2016年邵商在东盟投资总额就达15亿多美元。目前，湖南在境外创立了10个工业园，以邵商为主创建的就有5家，成为湖南对外投资的亮点；湖南目前在境外成立的10家湖南商会，以邵商发起成立的也占了5家。

## （二）湘桂走廊现代立体交通加速建设

交通运输是强国之基、兴国之器。进入新发展阶段，连接湖南、广西两省区的交通基础设施建设在湘桂经济走廊的基础上不断提速，现代立体交通网络正在逐步形成，为湘桂合作发展向海经济、促进湘桂向海经济走廊沿线城市产业转型升级和现代化经济体系建设，有效对接"一带一路"建设、RCEP，全面实现经济高质量发展提供更有力的支撑和保障。

湘桂向海经济走廊现代立体交通以湘桂经济走廊交通设施为基础。湘桂经济走廊以湘桂铁路为轴线，向北经永州、衡阳至长沙，向南经桂林、柳州、南宁至广西北部湾经济区，贯穿湖南和广西全境，沿湘桂铁路达中越边境城市凭祥，向南沿广西沿海铁路抵广西北部湾港组成的经济走廊。除了这条经济走廊以外，沿潇贺古道向北向南、即沿现在的洛湛铁路益阳—娄底—永州—贺州—梧州沿线也是湘桂经济走廊的重要组成部分。总体上，新时代的湘桂经济走廊是在交通干线（湘桂铁路、洛湛铁路、玉铁铁路、泉南高速公路、水路等）的基础上连接长株潭城市群和北部湾城市群形成的经济走廊，重点主线为长株潭—衡阳—永州—桂林—柳州—来宾—南宁—钦州—北海—防城港，同时，通过益阳—娄底—邵阳—永州—贺州—梧州—玉林—铁山港洛湛铁路、玉铁铁路线构成的湖南出海大通道，通过湘桂铁路南宁—凭祥市延长线和南友高速公路构成的湖南出边大通道，依托这些交通干线构成湘桂经济走廊。联接湘桂经济走廊的铁路、公路、水路等基础设施已经比较完备。

西部陆海新通道建设推进了湘桂向海经济走廊现代立体交通体系的完善。随着西部陆海新通道上升为国家战略，大规模基础设施建设不断推进，湘桂两省区的陆路、水路、港口等交通网也不断织密，主要体现在以下几个方面：

陆路方面，衡柳铁路提速改造、南宁经桂林至衡阳高铁、焦柳铁路怀化至柳州段电气化改造、湘桂铁路柳州地区改建工程、湘桂铁路南宁至凭祥段扩能改造等铁路项目纳入《广西基础设施补短板"交通网"建设三年大会战实施方案（2020—2022 年）》规划，时速 350 千米／小时的呼南高铁襄常段建设列入《常德市国民经济和社会发展第十四个五年规划和 2035 年远景目标纲要》。麦岭（湘桂界）至贺州高速公路（支线）以及灌阳—东安、南宁—宜州—龙胜—城步、湖南城步至龙胜（广西段）、桂林龙胜（湘桂界）至峒中公路等跨省区公路通道加快启动推进，两省区之间的铁路、公路联通能力不断加强。

水运方面，国家及湘桂两省区都在加快推动湘桂运河项目启动，湖南在湘江完成了 8 个梯级枢纽建设，湘江永州至衡阳三级航道改扩建工程祁阳段 2020 年正式开工，2020 年 11 月国家交通运输部综合规划司副司长苏杰带队到永州江永县调研湘桂运河项目情况，湘桂运河项目论证正在进一步推进。

港口方面，西部陆海新通道门户港—北部湾港建设不断提速，开工建设了钦州港东航道扩建、钦州港大榄坪 7—8 号集装箱泊位自动化改造、钦州港 30 万吨级油码头、防城港 401 号泊位、北海铁山港航道三期等重大项目，加快推进钦州港大榄坪 9—10 号 20 万吨级集装箱码头、防城港赤沙 1—2 号 30 万吨级码头等深水泊位项目前期工作，对标国际一流港口设施，不断提升国际门户港枢纽服务能级，力争打造成为连接西部、辐射东南亚、连通全球的门户枢纽。目前，北部湾港已迈入全国十大沿海港口行列。

口岸方面，按照陆海新通道建设要求，广西大力提升口岸综合能力，开通北仑河二桥、连接龙邦口岸的高速公路，拓宽友谊关口岸货物专用通道，加快硕龙、爱店口岸和钦州港智能码头建设，推动"单一窗口"与码头、场站、港航管理作业系统数据对接，优化和精简审批事项，口岸通关效率大幅提升，2020 年口岸进口、出口整体通关时间均高于全国平均水平。

### （三）湘桂向海经济产业要素的快速集聚

在中国—东盟自贸区升级、"一带一路"建设下，湘桂两省区与东盟之间的贸易关系日益密切，向海经济产业要素也在西部陆海新通道的建设下快速集聚，RCEP 的签署为两省区与东盟十国、日本、韩国、澳大利亚、新西兰等国家的经贸往来带来了更广阔的市场空间，为湘桂向海经济走廊建设带来了更加光明的前景。

1.广西向海经济发展成效明显。向海经济总量和增速均呈现逐年上升的趋势。海洋经济生产总值从2016年的1251亿元增加到2020年的1651亿元，年均增速超过7.18%。海洋经济生产总值占全区地区生产总值比重从2016年的6.8%增加到2020年的7.4%，海洋经济成为全区经济持续快速增长的重要引擎。

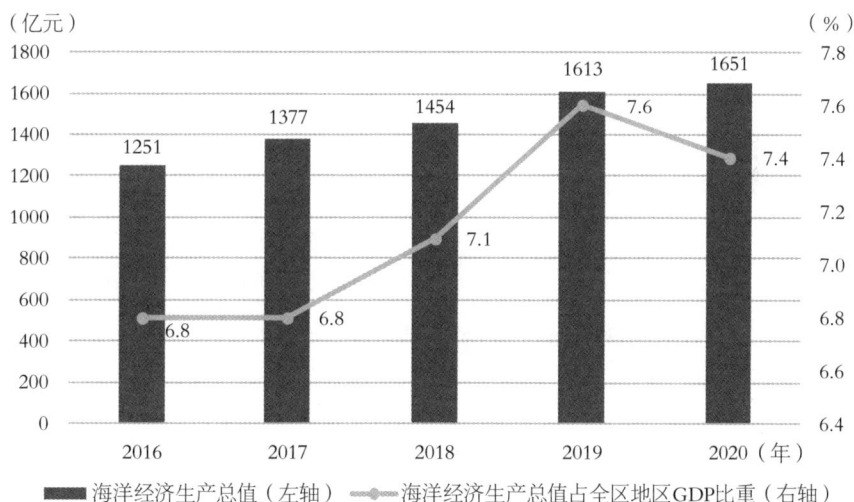

（亿元）

图4-3 广西海洋生产总值及增速（2016—2020年）

数据来源：2016—2020年广西海洋经济统计公报。

向海现代产业体系初步成型。以国家海洋经济创新发展示范城市、国家海洋经济发展示范区和国家海洋牧场示范区建设为抓手，推动形成了北海生巴达生物科技有限公司、中船广西船舶及海洋工程有限公司等一批创新型海洋产业龙头企业、中小型企业，海洋工程装备制造业、现代海洋服务业、海洋生物医药业等海洋战略性新兴产业规模快速壮大，推进有色金属产业、钢铁产业、新材料产业向绿色临港产业加快转型，海产品精深加工业不断壮大，滨海文化旅游产业初具规模，初步建立起集群化、高端化、创新型、质量效益型现代海洋产业体系。

海洋科技创新实现较大突破。拥有北部湾大学、自然资源部第四海洋研究所、自然资源部第三海洋研究所北海基地等涉海科研机构，广西大学、广西民族大学、北部湾大学等区内高校都设立了涉海学院，拥有广西近海海洋环境科学重点实验室等省级以上海洋创新平台12家，广西中船北部湾船舶及海洋工程设计有限公司等涉海高新企业27家，涉海高端科技创新人才18人。截至2019年，科研院所获批或实施涉海国家级科技项目63个、省部级150个。[①]

向海对外开放进一步扩大。中马钦州产业园、广西—文莱经济走廊建设稳步推进，文莱摩拉渔港项目成功签约，广西渔业企业在毛里塔尼亚的远洋渔业园区（广西海外最大的远洋捕捞和海产品加工基地）和在马来西亚的珍珠养殖基地加快建设，"海企入桂"、向海经济发展示范园区、向海经济集聚区、飞地园区等加快推进，临港优势产业不断向沿海延伸布局。截至2020年，广西已与越南、柬埔寨、泰国、孟加拉国、巴基斯坦等20多个"一带一路"沿线国家和地区在远洋捕钓、海洋养殖、渔业科研、生物保护、补给服务等领域进行合作。[②]

海洋集疏运体系不断完善。初步形成以海铁联运为主，通江达海、江海联动的向海发展格局。目前，全区有92家沿海港口企业，生产性泊位271个，其中万吨级以上泊位98个，港口建设现代化水平不断提升。北部湾港口已开通至重庆、四川、云南、贵州、甘肃等

---

① 《广西海洋经济发展"十四五"规划》，2021年9月9日，见 http://hyj.gxzf.gov.cn/zwgk_66846/xxgk/fdzdgknr/zcfg_66852/zxfggz/t10483796.shtml。

② 《广西海洋经济发展"十四五"规划》，2021年9月9日，见 http://hyj.gxzf.gov.cn/zwgk_66846/xxgk/fdzdgknr/zcfg_66852/zxfggz/t10483796.shtml。

地多条常态化班列线路，其中至新加坡班轮实现每周两班常态化运行，至中国香港班轮实现"天天班"，至重庆实现双向"天天班"，至云南、四川实现双向周 4—6 班，班列覆盖范围不断扩大。2020 年北部湾港货物吞吐量累计完成 2.38 亿吨，同比增 16.21%；其中集装箱部分 505 万标准箱，同比增长 32.23%，是全国沿海唯一货物吞吐量和集装箱吞吐量均保持两位数增长的港口，跻身我国沿海港口集装箱吞吐量前 10、世界前 40 行列[①]。截至目前，北部湾港与世界 100 多个国家和地区的 200 多个港口通航，开辟集装箱航线 52 条，其中外贸 30 条（远洋航线 2 条），内贸 24 条，成为我国与东盟国家（地区）海上互联互通、开发合作的前沿[②]。

2. 湖南向海发展意愿增强。湖南与东盟国家产品结构具有较高的互补性，双方经贸往来密切，其中越南是湖南在东盟各国中最重要的贸易伙伴。湖南传统的运输路径主要是依靠长江水道，水运成本虽低，但是速度却很慢，而西部陆海新通道建设通过铁海联运班列、跨境公路班车、国际铁路联运班列的形式，极大地节约了运输时间，湖南对接西部陆海新通道建设、向海发展的意愿不断增强。

从 2012 年启动贸易协定谈判起，湖南省对 RCEP 成员国贸易额逐年攀升，2020 年新冠肺炎疫情期间其对 RCEP 成员国的进出口贸易增速依然高出同期全省进出口增幅 15.6 个百分点。[③] 以邵商为代表的湖南商人与东盟往来密切，在东盟地区投资设厂，不断推动湖南与

① 北部湾港股份有限集团：《北部湾港 2020 年年度报告》，2021 年 4 月 13 日，见 http://quotes.money.163.com/f10/ggmx_000582_7037289.html。

② 简文湘：《北部湾国际门户港建设再提速》，《广西日报》2021 年 6 月 25 日。

③ 《全球最大的自贸区成立，湖南利好几何》，2020 年 11 月 22 日，见 hhttp://www.hunan.gov.cn/hnszf/hnyw/sy/hnyw1/202011/t20201122_13963680.html。

东盟国家贸易投资规模扩大（前图 4-2、专栏：十万邵商闯东盟）。

西部陆海新通道建设中湖南地位突出。《西部陆海新通道总体规划》明确指出，要"建设自重庆经贵阳、南宁至北部湾出海口（北部湾港、洋浦港），自重庆经怀化、柳州至北部湾出海口，以及自成都经泸州（宜宾）、百色至北部湾出海口三条通路，共同形成西部陆海新通道的主通道"，湖南怀化是西部陆海新主通道东线通道中的一个重要节点，西部陆海新通道建设需要湖南的参与。

湖南正加快推动向海发展。湖南是第一个与广西签订建设临港工业园区及专业配套码头、发展飞地经济协议的省份。早在 2009年 6 月 10 日，湖南省政府就与广西壮族自治区政府在南宁签署《关于湖南省在广西钦州市建设临港工业园区及专业配套码头的框架协议》，共同合作在钦州建设临港工业园区及专业配套码头。① 目前，湖南已在钦州建设临港工业园区及专业配套码头，并积极谋划加入西部陆海新通道合作共建机制。怀化更是明确提出"十四五"时期"建设对接西部陆海新通道战略门户城市，加快物流枢纽城市建设"的新使命新定位，密切与西部地区的陆海经济联系，主动融入西部陆海新通道建设，全面对接"中国—东盟自由贸易区"，加强与广西的合作发展，推动怀化—北部湾港—东盟铁铁联运班列常态化运营，争取尽早开通怀化—东盟铁铁联运班列，努力打造湖南东盟大宗货物物流集散基地、湖南东盟货运班列集结中心、湖南与东盟产业合作示范区。②2021 年 2 月，衔接"一带一路"的西部陆海新通

---

① 《湖南省湖南（钦州）临港产业园考察团莅钦考察》，2010 年 11 月 4 日，见 http://www.gxcounty.com/news/yqjs/20101104/54366.html。

② 《五省区市联动，聚焦西部陆海新通道建设——共建共享新通道　激活西部新动能》，2021 年 3 月 7 日，见 http://www.cq.xinhuanet.com/2021-03/07/c_1127178664.htm。

道东线通道怀化—北部湾港铁海联运班列正式首发，东线通道正式形成。2021 年 3 月 31 日，湖南直达东盟国家的首趟国际货运班列长沙—河内东盟国际货运班列开行，3 个月试运营后，该班列将逐步实现每周 1 班常态化开行，成为稳定的国际物流通道。通过该班列出口到东盟各国的货物运输时间与过去相比缩短了约 3 天时间。湖南正在逐步形成以铁路口岸为枢纽，内外联通、东西互济的开放新格局。

## 二、国内合作支撑条件

我国经济发展已由高速增长转向高质量发展阶段，新阶段我国提出的打造双循环发展格局、完善区域协调发展战略、西部陆海新通道、建设面向东盟的金融开放门户等国家战略，为湘桂两省区加快向海经济走廊建设，积极对接 RCEP，融入双循环格局提供了难得的政策机遇。

### （一）新发展格局下的新支撑

党的十九届五中全会将"加快构建以国内大循环为主体、国内国际双循环相互促进的新发展格局"作为"十四五"时期经济社会发展指导思想的重要内容。《中华人民共和国国民经济和社会发展第十四个五年规划和 2035 年远景目标纲要》提出，加快构建以国内大循环为主体、国内国际双循环相互促进的新发展格局。构建新发展格局是与时俱进提升我国经济发展水平、塑造我国参与国际合作和竞争新优势的战略抉择，是一项关系我国发展全局的重大战略任务。

构建新发展格局以国内大循环为主体，其战略基点就是要扩大内需，通过构建完整的内需体系，着力打通国内生产、流通、分配、消费的各个环节，使国内市场成为最终需求的主要来源，推动国内市场和国际市场更好地联通、促进。我国有 14 亿人口，人均国内生产总值突破 1 万美元，消费市场具有巨大增长空间。国家主席习近平在第二届中国国际进口博览会开幕式上指出："中国有近 14 亿人口，中等收入群体规模全球最大，市场规模巨大、潜力巨大，前景不可限量。"2019 年 12 月召开的中央经济工作会议也指出要充分挖掘我国超大规模的市场优势来实现中国经济的"稳中求进"。我国以廉价资源和要素进行加工制造和出口为特征的经济全球化进程已经趋于尾声，以国内大规模市场战略资源吸纳全球创新要素为特征的新的经济全球化浪潮正在展开。国内大规模市场建设不仅可以推动各地区市场之间相互开放、相互补充、相互协调，不断增强专业化分工，以区域合作实现资源在区域间的顺畅流动和优化配置，实现产业链供应链的畅通循环，还可以为国内各地区经济发展提供强大的需求激励，吸引国内外各种资源和要素加快积聚，增加本地实体经济的有效供给，推动经济高质量发展。

1. 湖南着力打造双循环格局湖南节点。湖南是我国东部沿海地区和中西部地区过渡带，也是长江开放经济带和沿海开放经济带的接合部。湖南充分利用"一带一部"的区位优势，把对内开放与对外开放统筹起来，主动服务、融入国家重大战略，以国际物流通道建设、产业链供应链区域协同、省内省际联动发展为抓手，打造我国"双循环"新发展格局湖南节点。

以大交通大物流融入国内大市场建设。湖南拥有"一带一部"的区位优势，位于承东启西、连接南北的中部腹地，具有承东启西、连南接北的作用，对接和融入长江经济带和沿海开放经济带的先天条件。在全面融入双循环格局中，湖南把建设现代流通体系作为重要战略任务，以建设综合交通枢纽为重点，统筹推进现代流通体系软硬件建设，立足区位优势，湖南加快推进"一核、四枢纽"①复合型、开放型的综合交通枢纽建设，打造连通东西、承东启西的重要纽带和长江经济带中部地区综合交通枢纽。目前，湖南已形成高铁、空港、公路、水运等构建的立体交通体系和"一电、二空、三水、五公、六铁、七区"组成的口岸开放体系。对外通道逐步畅通，湘欧快线线路不断增多，部分线路实现双向常态运营；"跨境一锁"湘粤港直通快车开通；长沙—越南胡志明、长沙—北美定期洲际全货机航线相继开通；常德—岳阳—上海"五定班轮"航线、岳阳至东盟、澳大利亚接力航线开通运营等。通过夯实交通枢纽地位，湖南以货运航线、中欧班列、铁海联运、江海航线为重点的国际物流大通道不断拓展，区域要素资源的配置能力不断增强，为融入国内大市场建设提供了重要支撑。

以内外联动参与内循环构建。湖南境内已形成以长株潭为核心，由沪昆高铁经济带和京广高铁经济带构成的连接南北、沟通东西的大十字发展带，并依此初步形成长株潭核心带动、四大版块联动发展的区域发展新格局。湖南立足新区域发展格局，积极落实长江经济带建设和泛珠三角区域合作战略，强化与长三角、珠三角、成渝城市群、武汉都市圈、环鄱阳湖城市群、北部湾城市群等合作互动，积极融入"一带一路"和西部陆海新通道建设，抢抓 RCEP 机遇，以内外联动加快融入双循环格局。"十四五"时期，湖南明确提出加快长株潭城市群一体化发展，加大与武汉都市圈、环鄱阳湖城市群的协同发展，

---

① "一核"即长株潭国家级综合交通枢纽，"四枢纽"即岳阳以水运为主体、张家界以机场为主体、衡永郴以公铁为主体和怀化以铁路为主体的四大区域性综合交通枢纽。

辐射带动环长株潭城市群，打造支撑中部地区崛起的核心增长极。同时，以衡阳为重点的大湘南地区是国家承接产业转移示范区，依托粤港澳大湾区建设，湖南积极对接粤港澳大湾区实施方案，加快打造湖南至大湾区 3～5 小时便捷通达圈，引领湖南与粤港澳和东盟地区的对接。以岳阳为重点的环洞庭湖地区是湖南对接长江经济带的前沿阵地，湖南一方面打造长江中下游国际水运枢纽，另一方面加快与长江沿线地区产业、体制机制、基础设施合作，不断强化与长江经济带以及"21世纪海上丝绸之路"沿线国家的对接。以怀化等城市为重点的大湘西地区是湖南加强与成渝城市群及广大西南地区产业分工协作、融入西部陆海新通道以及 RCEP 的主阵地，同时湖南还可以依托沪昆高铁、沪昆高速公路，打通与中国—中南半岛经济走廊的联系。

以优势产业推动融入外循环。湖南具有较完备的产业体系，在 38 个大类规模工业行业中除石油和天然气开采业外，各个大类行业均有企业分布，较完备的产业体系有利于其承接 RCEP 发达成员国以及国内发达沿海省份的产业转移。通过多年的发展，湖南轨道交道、工程机械、工程建设、文化创意、现代农业、产业化住宅、节能环保、能源勘测开发等行业特点和优势明显，装备制造、农产品加工、材料 3 个产业产值均达到万亿元，工程机械产业中联重科、三一重工、铁建重工等企业入围 2018 年全球工程机械 50 强，轨道交通产业产值规模在全国名列前茅，因此湖南有条件对接国家"一带一路"建设，并与"一带一路"沿线国家和地区在优势领域开展国际产能合作[①]。通过中博会、沪洽周、港洽周、湘商大会等一系列

_____

① 《湖南区位、创新、产业、生态等优势明显》，2019 年 7 月 25 日，见 http://www.scio.gov.cn/xwfbh/xwbfbh/wqfbh/39595/41121/zy41125/Document/1660594/1660594.htm。

产业招商项目，湖南积极加快"万商入湘""湘品出境""湘企出海"，加快"引进来""走出去"，要引导优势产能开展国际产能合作，积极融入国际大循环格局，2019 年，湖南进出口总值 628.5 亿美元，增速居全国首位。2020 年，湖南进出口总额增幅居全国第 7 位，实际利用外商直接投资增速居全国第 6 位、中部地区第 2 位（见表4–1）。

表4–1　全国各省（自治区、直辖市）进出口、实际利用外资情况（2020 年）

| 指标 | 进出口 | | | 外商直接投资 | | |
|------|------------------|-----------|--------|------------------------|-----------|--------|
| | 总额<br>（亿美元） | 增速<br>（%） | 增速排名 | 实际使用金额<br>（亿美元） | 增速<br>（%） | 增速排名 |
| 北京 | 3350.40 | −19.55 | 28 | 141.04 | −0.77 | 22 |
| 天津 | 1059.30 | −0.68 | 20 | 47.35 | 0.06 | 20 |
| 河北 | 637.90 | 9.91 | 9 | 108.50 | 10.17 | 7 |
| 山西 | 218.70 | 4.24 | 15 | 16.90 | 24.36 | 2 |
| 内蒙古 | 150.70 | −5.46 | 24 | 18.20 | −11.69 | 24 |
| 辽宁 | 944.60 | −10.31 | 26 | 25.20 | −24.16 | 26 |
| 吉林 | 184.90 | −2.17 | 22 | —— | —— | —— |
| 黑龙江 | 222.00 | −18.11 | 27 | 5.40 | −0.55 | 21 |
| 上海 | 5031.90 | 1.88 | 19 | 202.30 | 6.21 | 17 |
| 江苏 | 6427.70 | 2.10 | 18 | 283.80 | 8.64 | 11 |
| 浙江 | 4879.30 | 9.10 | 10 | 158.00 | 16.53 | 5 |
| 安徽 | 780.50 | 13.56 | 6 | 183.10 | 2.08 | 19 |
| 福建 | 2026.70 | 4.95 | 14 | 50.44 | 9.41 | 8 |
| 江西 | 578.20 | 13.62 | 5 | 146.00 | 7.52 | 14 |
| 山东 | 3184.50 | 7.22 | 12 | 176.50 | 20.16 | 3 |

续表

| 指标 | 进出口 | | | 外商直接投资 | | |
|---|---|---|---|---|---|---|
| | 总额（亿美元） | 增速（%） | 增速排名 | 实际使用金额（亿美元） | 增速（%） | 增速排名 |
| 河南 | 969.20 | 17.48 | 3 | 200.65 | 7.14 | 15 |
| 湖北 | 620.80 | 8.61 | 11 | 103.52 | −19.80 | 25 |
| 湖南 | 705.30 | 12.22 | 7 | 210.00 | 16.02 | 6 |
| 广东 | 10236.30 | −1.25 | 21 | 234.87 | 6.44 | 16 |
| 广西 | 702.90 | 3.03 | 16 | 13.17 | 18.76 | 4 |
| 海南 | 135.40 | 2.97 | 17 | 30.33 | 99.54 | 1 |
| 重庆 | 941.80 | 12.19 | 8 | 21.01 | −11.16 | 23 |
| 四川 | 1168.00 | 18.70 | 2 | 100.60 | 8.99 | 10 |
| 贵州 | 79.10 | 20.40 | 1 | 4.39 | −35.35 | 28 |
| 云南 | 389.50 | 15.61 | 4 | 7.59 | 4.98 | 18 |
| 西藏 | 3.10 | −55.71 | 31 | — | — | — |
| 陕西 | 545.10 | 6.82 | 13 | 84.43 | 9.24 | 9 |
| 甘肃 | 53.90 | −2.36 | 23 | 0.89 | 8.54 | 12 |
| 青海 | 3.30 | −38.89 | 29 | 0.26 | −61.76 | 29 |
| 宁夏 | 17.80 | −49.00 | 30 | 2.72 | 8.37 | 13 |
| 新疆 | 213.90 | −9.78 | 25 | 2.16 | −34.74 | 27 |

数据来源：根据 wind 数据库数据整理得出。

　　2. 广西打造双循环重要枢纽深度融入国内大市场建设。新发展格局下，作为我国唯一与东盟国家陆海相连的省级行政区以及"一带一路"有机衔接的重要门户，广西依托"一湾相挽十一国、良性互动东中西"独特区位优势，充分利用国内国际两个市场和两种资源，深度融入国家内需体系，加快构建以东盟为重点，更好服务"一带一路"建设和 RCEP 的国内国际双循环重要节点枢纽。

加快建设面向东盟、对接粤港澳大湾区、辐射西南的区域性国际消费中心。通过加快提升消费基础设施国际化水平，推动相关商贸服务标准与国际接轨，争取举办更多国际重大活动和赛事，支持设立更多市内免税店，引进更多国内外知名消费品牌等举措，推动打造南宁成为具有较强国际影响力的新型消费商圈。通过完善桂林文化旅游设施，力争将桂林市 72 小时过境免签政策扩展至东盟以外其他更多国家，不断扩大国际旅客规模，打造桂林成为世界级旅游胜地。进一步巩固提升"南菜北运"等广西特色产品供应链，组织农产品生产流通企业与粤港澳大湾区、长江经济带等主要消费枢纽城市批发市场、商超等对接，推动形成稳定的产销关系。推动重点消费城市步行街升级改造。支持建设社区便民服务中心。实施县域商业建设工程，推进"数商兴农"，推动农村消费升级。积极培育在线教育、互联网医疗、智能体育等新型消费。打造区域公共品牌，大力提升"桂字号"品牌竞争力，不断优化消费供给。通过全方位刺激消费举措，不断扩大对内、对外消费市场，打造成为区域性国际消费中心。

加快建设连接东盟和国内市场的国际物流枢纽。作为西部陆海新通道重要枢纽，广西立足区位优势和政策优势，以高水平共建西部陆海新通道为引领，以成渝地区双城经济圈和广西北部湾经济区联动发展，增强对长江中游城市群的协同，重点打造连接东盟和国内市场的国际物流枢纽。通过推进建设一批大型化专业化码头，加密北部湾港至 RCEP 成员国及国内主要港口航线，培育美洲、欧洲等远洋航线，提升北部湾国际门户港航运服务中心功能等举措，不断完善西部陆海新通道海铁联运物流体系。通过完善中国—中南半岛跨境陆路运输体系，改造提升友谊关、东兴、龙邦等口岸大通道，建设防城港（东兴）、崇左（凭祥）陆上边境口岸型国家物流枢纽等举措，加快推动跨境陆路运输发展。同时，以南宁、桂林、北海市为支点，织密到达国内主要城市和东盟国家的航空物流网络，推动南宁临空经济示范区打造国家级临空经济区，支持国际快递、跨境电商等临空产业发展，积极推动航空物流发展。通过海陆空全方位行动，加快破解物流发展瓶颈，以物流发展带动产业转型，实现经济高质量发展。

全力打造跨区域跨境产业链节点。立足背靠大西南，毗邻粤港澳，是我国唯一与东盟既有陆地接壤又有海上通道的省区，是西南地区最便捷出海口的优势，广西正全力推进"南向、北联、东融、西合"全方位开放发展新格局，积极构建"粤港澳大湾区/长江经济带—北部湾经济区—东盟"跨区域跨境产业链节点。主动对接长江经济带发展，主动承接装备制造、电子信息等东部产业转移。积极开展与湖南等省份合作共建产业合作园区，延伸向海经济产业链。加快建设友谊关、东兴、龙邦沿边口岸经济区，发展壮大中草药加工、海产品加工、装备制造等产业，推动沿边产业经济带发展。与西部陆海新通道沿线省份合作打造通道沿线产业基地，推进沿线产业园区合作，促进物流和产业融合发展，构建通道沿线一体化市场，形成南北纵向高水平开放、高质量发展、有机衔接"一带一路"的陆海联动经济走廊。扩大与东盟和"一带一路"沿线国家和地区产能合作，加快广西—文莱经济走廊、中马"两国双园"升级版打造，构建汽车、电子信息、化工新材料、特色产品加工等跨境产业链，通过跨区域跨境产业链节点打造，稳定产业链供应链，融入国际国内双循环。

### （二）区域协调发展的新战略

党的十八大以来，我国的区域协调发展战略不断的完善与深化，区域政策解决发展不平衡不充分问题的指向愈趋明确和全面，举措也越来越精准化。区域协调发展战略是贯彻新发展理念、建设现代化强国的重要组成部分，是新时代我国的重大战略之一。进入 21 世纪，我国逐步形成了西部大开发、东北振兴、中部崛起和东部率先发展的区域发展总体战略，并成为我国延续至今的区域发展指导性战略。2013—2014 年，我国又相继提出了"一带一路"倡议以及京津冀协同发展和长江经济带发展三大战略，区域协调发展战略与政策不断深化和完善，并形成了"四大板块＋三大战略"的区域发展战略体系。党的十九大以来，在"四大板块＋三大战略"区域协调发展战略不断深化和落实的基础上，我国又先后提出"粤港澳大湾区建设""长三角一体化发展"和"黄河流域生态保护和高质量发展"国家战略，区域协调发展形成了"四大板块＋四大战略＋两大引领区"的区域发展新战略体系①。

《中华人民共和国国民经济和社会发展第十四个五年规划和 2035 年远景目标纲要》中对"十四五"时期我国区域协调发展进行了新的规划安排，提出要深入实施京津冀协同发展、长江经济带全面发展、粤港澳大湾区稳妥建设、长三角一体化水平提升发展、黄河流域生态保护和高质量发展扎实推进等区域重大战略，深入实施西部

---

① "四大板块"即西部开发、东北振兴、中部崛起、东部率先，"四大战略"即"一带一路"倡议、京津冀协同发展、长江经济带发展、黄河流域生态保护和高质量发展，"两大引领区"即粤港澳大湾区建设和长三角一体化发展。

大开发、东北全面振兴、中部地区崛起、东部率先发展、特殊类型地区加快发展等区域协调发展战略，坚持陆海统筹，积极发展海洋经济，建设现代海洋产业体系，加快建设海洋强国。要加快健全区域协调发展体制机制，建立健全区域战略统筹、市场一体化发展、区域合作互助、区际利益补偿等机制，支持省际交界地区探索建立统一规划、统一管理、合作共建、利益共享的合作新机制，完善财政转移支付支持欠发达地区的机制，完善区域合作与利益调节机制，鼓励探索共建园区、飞地经济等利益共享模式，提升区域合作层次和水平，更好促进欠发达和发达地区之间以及东中西部之间的共同发展。以区域合作引领带动协调发展将成为"十四五"时期我国区域协调发展战略的主基调，为不同区域之间开展合作奠定了强大的政策基础。

在区域协调发展新战略格局下，以长株潭城市群和北部湾城市群为核心枢纽的湘桂向海经济走廊空间上横跨湖南、广西两省区，是长江中游经济带、广西北部湾经济区两大区域协调发展战略的承接载体，同时走廊通过与西部陆海新通道的有效衔接，可以实现北部湾经济区、成渝双城经济圈、粤港澳大湾区等区域发展战略的有机融合，诸多区域发展战略通过湘桂向海经济走廊实现了有机链接和融合，也为湘桂两省区积极有效利用区域发展政策合集，加快产业合作对接，共同打造陆海联动发展向海经济的先行区，实现长江经济带、北部湾经济区、东盟经济圈的联通与良性互动，高水平融入"一带一路"、高标准谋划对接RCEP自贸区奠定了强大的政策基础。

**专栏　广西重点区域融合发展战略**

对接粤港澳大湾区方面：2020年1—10月，广西全面对接粤港澳大湾区重点交通基础设施项目，共完成投资86.86亿元，东融先行示范区新引进大湾区项目201个，项目合同投资总额约347.8亿元，项目到位资金约205.37亿元。全区共签订"湾企入桂"项目1013个，总投资10624.19亿元，获得广东省安排扶贫协作资金19.33亿元，760个扶贫协作项目全部开工。

对接成渝双城经济圈方面：西部陆海新通道海铁联运班列已覆盖重庆、四川等10省（区、市），并与中欧班列有效衔接；开行量从2017年的178列增加到2020年的4607列，增长近26倍。广西和重庆两地已共同搭建了通道运营平台公司，并出台了一系列支持通道持续健康快速发展的政策。广西与四川签署《深化川桂合作共同推进西部陆海新通道建设行动计划（2019—2021年）》，加强跨境金融、跨境电商、文化旅游、大健康产业合作，打造桂川产业合作新的增长点，着力推动桂川合作迈上新台阶。广西与四川在广西合作共建了川桂国际产能合作产业园，打造面向中西部、东盟乃至欧亚地区的综合贸易服务平台、供应链综合服务平台、高新技术先导孵化平台、中国—东盟信息服务平台及文化交流服务平台。

对接长江中游城市群方面：广西湖南两省区党委政府签订了《湖南省人民政府 广西壮族自治区人民政府关于深化两省区合作的框架协议》《关于湖南省在广西钦州市建设临港工业园区及专业配套码头的框架协议》《关于进一步深化湘桂合作框架协议》《关于加紧落实进一步深化湘桂合作框架协议的会议纪要》等战略合作框架协议。2019年广西在湖南投资实际到位资金106.66亿元，同比增长9.07%，2020年1—9月，广西在湖南投资重大项目4个，总投资额10亿元。

### （三）面向东盟的国家战略在桂集成实施

广西拥有得天独厚的区位优势，背靠大西南，毗邻粤港澳，面向东南亚，是我国唯一与东盟陆海相邻的省级行政区。"一湾相挽十一国、良性互动东中西"的独特区位优势使其在国家构建新发展格局中的战略地位更加凸显。西部陆海新通道、中国—东盟信息港、面向东盟的金融开放门户、中国（广西）自由贸易试验区等国家战略集成实施，为广西构建面向东盟的国际大通道，打造西南中南地区开放发展新的战略支点，形成"21世纪海上丝绸之路"和"丝绸之路经济带"

有机衔接的重要门户，深度融入国内国际双循环、全方位深化开放合作带来重大机遇。

1. 西部陆海新通道[①]。2019 年 8 月，《国务院关于西部陆海新通道总体规划的批复》公布，随后国家发展改革委印发了《西部陆海新通道总体规划》。目前，西部陆海新通道沿线省区持续深化协作推动抱团发展，从夯实合作机制、班列常态化开行、搭建信息化平台、开展提效降费优服行动等方面推进新通道建设，取得积极成效。海铁联运班列规模高速增长。通过加强与通道沿线省区物流平台公司合作，共同加强货源组织。目前，北部湾港已常态化开行连接西部省区的 5 条海铁联运班列线路，2020 年累计开行 4596 列，同比增长 105%，开行数量超过前 3 年总和。海铁联运集装箱运输量突破 22 万标箱，实现了新冠肺炎疫情下的逆势增长，西部陆海新通道海铁联运吸引力不断增强。近年来，北部湾港吞吐量保持快速增长，2020 年北部湾港集装箱吞吐量达 505 万标箱，同比增长 32.2%，是全国沿海主要港口中唯一货物和集装箱吞吐量双双实现两位数增长的港口。北部湾港集装箱班轮航线不断拓展。中远海运集团、新加坡太平船务等大型航运企业深度参与北部湾港运营，不断织密航线，目前北部湾港集装箱航线达 52 条，通达全球 100 多个国家和地区的 200 多个港口，北部湾港航线辐射范围不断扩大。跨境陆路运输规模大幅增长。常态化开行广西至越南、泰国、老挝、柬埔寨 4 条跨境公路班车运输线路；凭祥友谊关口岸 2020 年出入境货物 325 万吨，同比增长 17.28%；中越（南宁—河内）跨境直通班列自 2019 年 8 月起实现常态化运行，2020 年开行数量达 1264 列，增长 23.2%。

---

① 本小节数据主要来源于北部湾港股份有限公司《北部湾港 2020 年年度报告》，2021 年 4 月 13 日，见 http://quotes.money.163.com/f10/ggmx_000582_7037289.html。

2. 中国—东盟信息港。2016 年 4 月，经国务院同意，国家发展改革委等国家 5 部委联合印发《中国—东盟信息港建设方案》；2019 年 2 月，国家发展改革委等国家 6 部委联合印发《中国—东盟信息港建设总体规划》，提出由中国和东盟国家共同建设，以深化网络互联、信息互通、合作互利为基本内容，推动基础设施、信息共享、技术合作、经贸服务、人文交流等五大平台建设，形成以广西为重要战略支点的中国和东盟信息枢纽，携手共筑"信息丝绸之路"。广西将中国—东盟信息港建设与"数字广西"建设同步推进，取得了一系列成果，具体表现为：组织机构不断完备，广西组建自治区大数据发展局、中国—东盟信息港建设办公室等机构，负责统筹中国—东盟信息港建设。顶层设计逐步完善，自治区和相关地级市先后出台《中国—东盟信息港建设推进工作方案（2016—2017 年）》《中国—东盟信息港建设实施方案（2019—2021 年）》《中国—东盟信息港建设南宁核心基地实施方案（2019—2021 年）》《中国—东盟信息港建设钦州副中心实施方案（2019—2021 年）》等一系列文件，明确重点建设任务。相关支持政策逐步得到细化和落实，国家层面相关财政资金支持、信息港建设基金设立、科技计划项目扶持、大数据中心用户电力市场交易开展、创新型产业用地支持政策等都为中国—东盟信息港建设打下坚实基础。截至 2020 年底，中国—东盟信息港 12 条国际陆地光缆、3 条国际海缆、13 个国际通信节点、1 个国家域名 CN 顶级节点、1 个南宁区域性通信业务国际出入口局建成使用。中国—东盟信息港大数据中心、中国—东盟信息港老挝云计算中心、中国移动（广西）数据中心、中国电信（广西）东盟数据中心等国内外云计算中心建成运营[①]。

---

① 赵超、谢宇琦：《中国—东盟信息港："数字丝路"通东盟》，2021 年 7 月 28 日，见 http://gx.people.com.cn/n2/2021/0728/c179409-34840818.html。

广西积极推进中国—东盟信息港项目建设，不断完善丰富信息港建设载体，截至 2021 年上半年，《中国—东盟信息港建设总体规划》对应的 46 个项目开工 24 个，竣工 14 个；基础设施、信息共享、技术合作、经贸服务、人文交流五大平台项目建设顺利，广西筹划的 115 个重点建设项目有 93 个已开工①。

3. 广西建设面向东盟的金融开放门户。2018 年 12 月，经国务院同意，中国人民银行等 13 部委联合印发《广西壮族自治区建设面向东盟的金融开放门户总体方案》。广西强化顶层设计，制定出台系列《广西建设面向东盟的金融开放门户五年实施规划（2019—2023 年）》《广西建设面向东盟的金融开放门户三年行动计划（2019—2021 年）》《广西建设面向东盟的金融开放门户 2019 年工作要点》《广西建设面向东盟的金融开放门户南宁核心区发展规划》等一系列计划和规划；加大政策支持力度，制定出台并实施《关于加快建设广西面向东盟的金融开放门户南宁核心区的若干措施（2019—2023 年）》等政策文件。全力推进金融开放门户南宁核心区建设发展，中银香港东南亚业务营运中心、国任保险广西分公司、广西汇京宁新产业投资公司、广西北部湾产权交易所等一批金融机构纷纷落户；中国银行后台运营中心、工商银行跨境金融中心、交通银行离岸金融业务中心（南宁）等项目加快推进；提出依托五象新区总部基地金融街，打造中国—东盟金融城，入驻中银香港、邮储银行、中国人寿、太平保险、平安保险等知名金融企业（机构）51 家，形成了银行、保险、证券/基金以及其他金融同步发展局面。与此同时，跨境金融业务持续创新，跨境人民币业务创新扎实推进，农业银行广西分行在中越边贸跨境人民币支付方

---

① 赵超：《中国—东盟信息港打通信息大通道》，2021 年 9 月 7 日，见 http://www.gxzf.gov.cn/gxyw/t10029082.shtml。

面进行业务创新及合作；建设银行广西分行成功为广西"走出去"企业组建跨境经营性银团并实现境外机构境内外汇账户（NRA）开立国际信用证，中信银行、兴业银行依托其低成本的海外代理行渠道，为区内大型国企海外子公司在境内开立 NRA 账户；深化多方跨境金融合作，邮储银行深化与越南银行合作，完成跨境结算信息服务平台系统接入，实现办理边贸结算业务无纸化核验，简化银行办理边贸结算业务手续；桂林银行与泰国开泰银行、越南投资与发展股份商业银行、马来西亚丰隆银行开展跨境金融业务合作；完成跨境结算信息服务平台系统，并在东兴开展无纸化结算试点投入使用，实现平台市场端运行的重大突破。

4. 中国（广西）自由贸易试验区。2019 年 8 月，《国务院关于印发 6 个新设自由贸易试验区总体方案的通知》公布，《中国（广西）自由贸易试验区总体方案》（以下简称《总体方案》）进入实施阶段。《总体方案》在加快转变政府职能、深化投资领域改革、推动贸易转型升级、深化金融领域开放创新、推动创新驱动发展、构建面向东盟的国际陆海贸易新通道、形成"一带一路"有机衔接的重要门户等七个方面提出了 120 条主要任务和措施。随后，中国（广西）自由贸易试验区以及三大片区（南宁片区、钦州港片区、崇左片区）相继挂牌成立，南宁市制定出台了《关于印发加快建设中国（广西）自由贸易试验区南宁片区支持政策的通知》。广西按照相关决策部署，加快推进《总体方案》的推进落实工作。2021 年 4 月，中国（广西）自由贸易试验区的重大标志性项目——中国—东盟经贸中心揭牌运营，通过为中国—东盟和 RCEP 成员国乃至全球的企业提供跨境金融、跨境物流以及法务、税务、国际咨询等市场化服务，推进中国与东盟乃至 RCEP 成员国的国际合作，促进西部陆海新通道、中国（广西）自由贸易试验区、中国—东盟信息港等重大开放战略平台的融合发展。

---

**专栏　广西面向东盟的重大国家战略**

西部陆海新通道：是以重庆为运营中心，以广西、四川、云南、贵州等为关键节点，中国西部相关省区市与新加坡等东盟国家共同打造的，有机衔接"一带一路"的国际陆海贸易新通道。该通道由重庆向南经贵州等省区市，通过广西北部湾等沿海沿边口岸，通达新加坡及东盟主要物流节点，进而辐射南亚、中东、澳洲等区域；向北与中欧（渝新欧、蓉欧、兰州号）班列连接，利用兰渝铁路及甘肃的主要物流节点，连通中亚、西亚、南亚、欧洲等地区。

中国—东盟信息港：由中国和东盟国家共同建设，以深化网络互联、信息互通、合作互利为基本内容，推动基础设施、信息共享、技术合作、经贸服务、人文交流等五大平台建设，形成以广西为重要战略支点的中国和东盟信息枢纽，携手共筑"信息丝绸之路"。中国—东盟信息港的提出，既是区域共同利益的趋势使然，也是中国—东盟建设命运共同体、推进"21 世纪海上丝绸之路"进程的又一虎翼，将成为区域一体化提质增效的重要工具与信息枢纽。

面向东盟的金融开放门户：2018 年 12 月，经国务院同意，中国人民银行等 13 部委联合印发《广西壮族自治区建设面向东盟的金融开放门户总体方案》。金融开放门户以推动人民币面向东盟跨区域使用为重点，深化金融体制机制改革，充分发挥广西与东盟地缘相近、血缘相亲、人文相通、商缘相连、利益相融的优势，加强与东盟的金融合作，服务国际陆海贸易新通道建设，为我国全面深化金融改革开放探索可复制可推广的经验。

中国（广西）自由贸易试验区：简称广西自贸试验区，涵盖南宁片区、钦州港片区、崇左片区，总面积 119.99 平方公里。2019 年 8 月 2 日，广西自贸试验区正式设立。2019 年 8 月 30 日，正式揭牌运行。其发展定位为：全面落实中央关于打造西南中南地区开放发展新的战略支点的要求，发挥广西与东盟国家陆海相邻的独特优势，着力建设西南中南西北出海口、面向东盟的国际陆海贸易新通道，形成"21 世纪海上丝绸之路"和"丝绸之路经济带"有机衔接的重要门户。

---

面向东盟的国家战略中，中国—东盟信息港是以广西为重要战略支点的中国和东盟信息枢纽；面向东盟的金融开放门户重点是探索与东盟的金融合作经验，服务国际陆海贸易新通道；中国（广西）自由贸易试验区建设重点是通过贸易投资、金融服务、监管

等体制机制创新，为面向东盟的金融开放门户、沿边开放、向海经济、西部陆海新通道等提供支持。可以看出，在面向东盟的国家战略中，中国—东盟信息港、面向东盟的金融开放门户以及中国（广西）自贸试验区三大战略的一个共同目的就是要为西部陆海新通道建设提供支撑、为向海经济、沿边经济等发展提供服务，而西部陆海新通道是有机衔接"一带一路"的国际陆海贸易新通道，其进一步丰富了湘桂向海经济走廊的内涵，推动走廊沿线基础设施不断完善，进一步强化湖南广西区域经济合作，推动广西更好地发挥"窗口"作用，沟通内陆、对接东盟，成为国内大循环和国内国际双循环的重要节点；同时带动广西向内陆拓展发展空间，为中南地区、西南地区和中南半岛国家提供双向交流服务，成为国内国际循环相互促进的战略支点。

以此为契机，广西高水平推进"南向、北联、东融、西合"全方位开放战略，以共建西部陆海新通道为主要抓手，立足北部湾国际门户港海陆交汇门户，以南向为引领，以东融为重点，协同北联和西合，全面对接粤港澳大湾区，协同西南、西北、中南地区不断强化与东盟国家、RCEP 成员国和"一带一路"沿线国家和地区合作，把独特区位优势和重大政策集成优势转化为向海开放优势和产业发展优势，打造面向东盟服务"一带一路"的开放合作高地。

## 三、国际合作支撑条件

当前，新冠肺炎疫情与百年变局相叠加，疫情带来的供应链的新变化以及新的国际形势下中国积极开展 RCEP 签署、进一步务实推动中国—中南半岛经济走廊国际产能合作、加快西部陆海新通道建设的努力，为湘桂向海经济走廊建设营造了良好的外部环境和机遇。

## （一）RCEP 成员国统一大市场的形成

《区域全面经济伙伴关系协定》（RCEP）是 2012 年由东盟国家发起提出，由中国、日本、韩国、澳大利亚、新西兰和东盟十国共同制定的协定。2020 年 11 月 15 日，第四次 RCEP 领导人会议举行，会后东盟十国、中国、日本等 15 个成员国正式签署《区域全面经济伙伴关系协定》，标志着当前世界上人口最多（涵盖人口超过 35 亿，占全球 47.4%）、经贸规模最大（外贸总额占全球的 29.1%）、最具发展潜力（国内生产总值占全球的 32.2%）的自由贸易区正式启航。

2021 年 3 月 22 日，中国完成 RCEP 的核准，成为首个批准协定的国家。随后，泰国也已经批准该协定。同年 4 月 15 日，中国向东盟秘书长正式交存 RCEP 核准书，正式完成 RCEP 核准程序。同年 4 月 28 日，日本也通过了 RCEP。RCEP 所有成员国均表示将在 2021 年底前批准协定，进而力争推动协定于 2022 年 1 月 1 日生效。RCEP 的签署，意味着全球约百分之三十的经济体量形成一体化的大市场，有助于促进区域资本、资源、原材料、人才等要素流动，强化成员间生产分工合作，推动区域内产业链供应链进一步发展，拉动区域内消费市场扩容升级，推动经济发展。据美国彼得森国际经济研究所测算，到 2030 年，RCEP 有望带动成员国出口净增加 5190 亿美元，国民收入净增加 1860 亿美元。中国年出口额预计增加 2480 亿美元，年收入预计增加 850 亿美元。[①]

RCEP 成员国都是我国重要的经济贸易伙伴。2020 年，中国与东

---

① 《RCEP 线上专题培训班资料》，2021 年 1 月 25 日，见 http://www.mofcom.gov.cn/zwgkp/zwgk.html。

盟、日本、韩国、澳大利亚等经济体的进出口额达到了 10.1 万亿元
人民币，占中国进出口总额的 32%，尤其是东盟，2020 年中国对东
盟进出口额达 4.7 万亿元人民币，东盟已经超过美国、欧盟首次成为
中国第一大贸易伙伴，而日本、韩国则是中国第四、第五大贸易伙伴
（见图 4—4）。RCEP 成员国的投资额占我国实际使用外资超过 10%[①]。

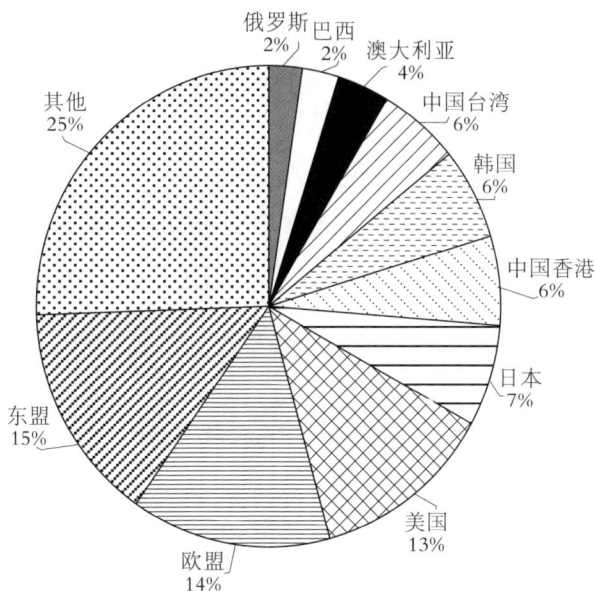

图 4—4　2020 年中国对主要贸易伙伴进出口占比（金额单位：亿元）

数据来源：根据《中国对外贸易形势报告》（2021 年春季）整理得出。

中国作为 RCEP 中经济规模最大的成员，RCEP 生效后，90% 以
上的货物贸易关税将立刻降到零和十年内降到零，其他成员国将对我
国的货物立即或逐步实施零关税。中国与 RCEP 其他成员国之间相互
做出的诸多货物贸易、服务贸易、投资、知识产权、电子商务、竞

_____

① 　中国商务部：《中国对外贸易形势报告》（2021 年春季），2021 年 6 月 9 日，见 http://
zhs.mofcom.gov.cn/article/cbw/202106/20210603069385.shtml。

争、中小企业、经济技术合作、政府采购方面的相关承诺，将为我国从 RCEP 合作中赢得机遇，增强在国内国际两个市场配置资源的能力，强化在亚洲产业链中的重要地位，不断增强参与国际经济合作和竞争的新优势，为形成以国内大循环为主体、国内国际双循环相互促进新格局提供有力支撑。

RCEP 将为湘桂向海经济走廊建设创造国际合作机会，尤其是对机械装备制造、农产品、物流产业、跨境电商、供应链金融等产业，将带来更多出口和提升竞争力的机会。同时，由于湘桂向海经济走廊是国内以湖南、广西为重点的区域发展战略，可以因地制宜，将 RCEP 自贸区战略与两省区发展战略相融合，立足 RCEP 统一的大市场，将内需与外需统一起来，将出口与进口协调起来，强化经济合作，稳固并提升走廊建设的产业支撑。

### (二) 新冠肺炎疫情加速国际供应链数字化转型

新冠肺炎疫情给世界经济发展带来的沉重灾难。中国政府采取果断措施，坚决有力地控制住了疫情在国内的蔓延，迅速复工复产，但从世界范围看，新冠肺炎疫情对世界经济的影响较大，主要表现在三个方面：一是新冠肺炎疫情对服务业、对外贸易冲击很大，并进一步降低了全球贸易增速。一些贸易依存度较高国家如德国、韩国、墨西哥等面临严峻的挑战，对外贸易下滑严重。各个国家面对疫情快速蔓延所采取的限制或禁止群体活动、减少人群聚集等防控举措，也造成了实体经济增速放缓。边境控制、严格的旅行限制等措施严重制约了当地物流、批发、零售、旅游、餐饮、交通运输等行业发展，加剧经济下行压力。全球经济衰退已经不可避免。二是全球供应链与产业链断链风险上升。新冠肺炎疫情加剧了企业"供应中断""需求萎缩"

等风险，导致世界各国普遍面临需求降低、原料短缺、现金流短缺、人工不足等难题，使全球供应链安全稳定受到严重冲击。三是新冠肺炎疫情促进了数字经济的快速发展。疫情推动了人工智能、大数据、云计算、物联网等新一代信息技术普及，提升了社会治理体系科技能力，在线教育、在线娱乐、在线消费新模式、在线会议、在线电子商务、在线医疗等助推数字产业快速发展，一种以数字经济为代表的新型全球化蓬勃兴起，为全球可持续增长注入新的动力。

新冠肺炎疫情加快国际供应链的数字化转型。面对新冠肺炎疫情造成的全球经济发展不确定性、供应链断链风险以及新一代信息技术的快速普及应用，各国开始加快供应链改革，以信息协同加强供应链上下游协同，推动供应链向数字化转型，提高供应链运营效率，提升供应链的整体抗风险能力。麦肯锡咨询公司的报告《供应链4.0——下一代数字化供应链》也指出，当前全球供应链已进入新的发展阶段，最大特点就是进一步向数字化转型。普华永道国际会计师事务所供应链管理专家斯蒂芬·施劳夫认为："数字化供应链与智能制造、智能服务以及数字化商业模式共同构成工业4.0的核心内容。"数字化供应链将所有数据转移到线上，应用人工智能、大数据、云计算、物联网等技术，更深度地挖掘隐藏信息，打通供应链各环节的信息交流限制，提前一步预测客户需求，快速对接供货渠道，实现包括生产经营、采购、销售、物流以及支付结算等多要素的信息化。未来，随着新技术广泛应用，供应链将向更加智能、更加便捷、更加高效的方向发展。美国高德纳咨询公司的研究报告显示，新技术支持下的数字化供应链正在快速发展。到2023年，全球20%以上的仓储管理将引入增强现实（AR）等智能技术，50%以上的大型企业可能在供应链中应用人工智能、高级算法以及物联网等技术，50%以上的制造业企业的操作执行系统将与工业物联网技术平台相融合。企业可以依据信息的及时共享以及先进算法下的大数据分析技术，提前预判供应链环节的变化，并随时做出调整，供应链管理从传统的"感应—反应"模式向"预测—执行"模式转变。

　　湘桂两省区有推动供应链数字化转型动力。随着东盟超过美国、欧盟，成为我国第一大贸易伙伴，东盟在广西、湖南经贸发展中的地位也越发重要，目前东盟是广西、湖南最大的贸易伙伴。2019 年广西的外贸依存度为 21.88%，在全国排名第 11 位，在西部地区排名第 2 位，湖南的外贸依存度为 11.64%，在全国排名第 19 位，在中部地区排名第 4 位（见表 4-2），外向型经济较为明显，在疫情的影响下，两省区有动力推动供应链数字化转型，缓冲疫情对产业发展的冲击。同时，RCEP 大市场下关税的优惠力度变大，企业迎来巨大发展机遇的同时，也面临着更加激烈的竞争，出于提高产业竞争力的目的，也倒逼量两省区加快促进供应链数字化转型，提高运营效率。

表 4-2　我国各省份外贸依存度情况（2019 年）

| 指标 | GDP（亿元） | 进出口金额（亿元） | 外贸依存度 | |
|---|---|---|---|---|
| | | | （%） | 排序 |
| 北京 | 36102.55 | 23109.05 | 64.01 | 2 |
| 天津 | 14083.73 | 7306.42 | 51.88 | 5 |
| 河北 | 36206.89 | 4399.85 | 12.15 | 18 |
| 山西 | 17651.93 | 1508.46 | 8.55 | 25 |
| 内蒙古 | 17359.82 | 1039.44 | 5.99 | 26 |
| 辽宁 | 25114.96 | 6515.28 | 25.94 | 10 |
| 吉林 | 12311.32 | 1275.32 | 10.36 | 23 |

续表

| 指标 | GDP（亿元） | 进出口金额（亿元） | 外贸依存度 | |
|---|---|---|---|---|
| | | | （％） | 排序 |
| 黑龙江 | 13698.50 | 1531.22 | 11.18 | 20 |
| 上海 | 38700.58 | 34707.02 | 89.68 | 1 |
| 江苏 | 102718.98 | 44334.41 | 43.16 | 6 |
| 浙江 | 64613.34 | 33654.48 | 52.09 | 4 |
| 安徽 | 38680.63 | 5383.42 | 13.92 | 16 |
| 福建 | 43903.89 | 13978.96 | 31.84 | 7 |
| 江西 | 25691.50 | 3988.07 | 15.52 | 14 |
| 山东 | 73129.00 | 21964.77 | 30.04 | 8 |
| 河南 | 54997.07 | 6684.96 | 12.16 | 17 |
| 湖北 | 43443.46 | 4281.90 | 9.86 | 24 |
| 湖南 | 41781.49 | 4864.73 | 11.64 | 19 |
| 广东 | 110760.94 | 70603.85 | 63.74 | 3 |
| 广西 | 22156.69 | 4848.18 | 21.88 | 11 |
| 海南 | 5532.39 | 933.90 | 16.88 | 12 |
| 重庆 | 25002.79 | 6495.97 | 25.98 | 9 |
| 四川 | 48598.76 | 8056.16 | 16.58 | 13 |
| 贵州 | 17826.56 | 545.58 | 3.06 | 29 |
| 云南 | 24521.90 | 2686.53 | 10.96 | 21 |
| 西藏 | 1902.74 | 21.38 | 1.12 | 30 |
| 陕西 | 26181.86 | 3759.77 | 14.36 | 15 |
| 甘肃 | 9016.70 | 371.77 | 4.12 | 27 |
| 青海 | 3005.92 | 22.76 | 0.76 | 31 |

续表

| 指标 | GDP（亿元） | 进出口金额（亿元） | 外贸依存度 | |
|---|---|---|---|---|
| | | | （%） | 排序 |
| 宁夏 | 3920.55 | 122.77 | 3.13 | 28 |
| 新疆 | 13797.58 | 1475.35 | 10.69 | 22 |

数据来源：根据 wind 数据整理。

广西加快打造面向东盟的跨境产业链供应链价值链。广西面向东南亚，毗邻粤港澳，背靠大西南，是我国唯一与东盟既有海上通道又有陆地接壤的省级行政区，是我国面向东盟开放的前沿窗口，是中国—东盟博览会的永久举办地，也是西南地区最便捷的出海口，区位优势非常明显。在全球产业链重构朝着数字化方向转型趋势下，广西抓住这一机遇，于 2020 年 7 月 7 日广西壮族自治区人民政府发布《关于提升广西关键产业链供应链稳定性和竞争力的若干措施》，提出要积极利用全球资源和市场，推动重点产业链全面复工复产，推动产业深度参与全球产业链供应链分工；要"推动柳工集团、玉柴集团并购国外生产企业，建设面向欧洲市场的生产和销售基地。支持企业在中国·印尼经贸合作区、马中关丹产业园区等设立生产基地。加快建立'广西产品卖全球'网络，支持企业在境外建立重点工业品展销中心、国际配送中心和售后服务中心"等供应链数字化转型举措[1]。

---

[1] 《广西壮族自治区人民政府办公厅印发关于提升广西关键产业链供应链稳定性和竞争力的若干措施的通知》，2020 年 7 月 2 日，见 http://ww.gxzf.gov.cn/zfwj/zxwj/t5689435.shtml。

| 专栏　JDT1：大生鲜产业供应链数智化转型的金达模式 |
| --- |

生鲜产品对运输时限有极高的要求，作为大物流领域里成本最高、要求最严苛的品类，生鲜产业供应链冗长，销地市场与产地市场没有互通互联，给生鲜产品的流通带来了很大阻碍，产业链上下游融资难现象非常普遍。为解决这一行业通病，北京金达携手京东云等合作伙伴，以南宁机场 T1 航站楼为核心，建设占地 5000 亩的智能型专业化生鲜产业园区。依托京东数智化供应链能力，打造了"JDT1"中国—东盟一体化交易平台（以下简称"JDT1"），实现了生鲜贸易、电子商务和仓储物流等多产业的数字化升级。

首先，为最大化压缩供应链的中间环节，联通产业资源，提升流通效率，京东云为金达打造了鲜活生鲜全球直采直供 B2B2C 平台——"JDT1"。以"JDT1"为核心，京东云围绕采购和销售交易供应链，打造全球生鲜原产地货源、电商、仓储、物流一体的综合平台，运用智能数据处理系统，线上线下实时互联，建立起从"直采、运输、暂养、销售、配送"的全产业链智能运营。凭借高效的数智化供应链能力与积木化 IT 新理念，京东可以模块化、规模化产业输出数字化能力，也是行业内唯一能够提供此类解决方案的企业。

其次，"JDT1"实现了供应链全链条的数智化升级。为解决供应链冗长和生鲜品控问题，金达联合广东、广西生鲜产业巨头，通过全球直采方式代替传统的多级分销采购，让生鲜将直接进入南宁 T1 暂养池，然后借助重点城市直航运输到达全国 31 个重点城市前置暂养池，销售订单通过京东智能物流解决最后三公里，快速配送到各大商超和消费者。未来，"JDT1"平台还将在京东云技术加持下，推进直播带货等数字化营销方式，加快生鲜产品流通效率，并通过京东云区块链溯源技术，让生鲜食品全程可查询、可追溯，保证食品安全与品质，构建更高效、更安全的东盟一体化交易。在中国部署运营的同时，金达还将携手京东云将"JDT1"一体化交易平台部署到东盟十国，以京东的平台体系、物流服务为中国的优质产品进入东盟和海外市场赋能，满足东盟国家人民的需求。

最后，建设面向云原生的混合数字基础设施。东盟生鲜业务场景异常复杂，覆盖商品展示、订单管理、库存管理、渠道管理、线上交易、实时结算、物流配送、售后服务等数十个场景。更好地支持业务快速创新迭代，满足敏态与柔性业务与高并发场景对资源高可用、灵活弹性需求，京东云为东盟生鲜设计了基于云原生架构应用的技术体系。从架构设计、开发方式到部署运维的整个软件生命周期都基于云的特点设计，包括 Docker 节点故障实时切换，业务隔离互不干扰，应用相互独立，支持快速迭代，资源弹性，可自动弹性扩容，最大限度用好云平台的弹性、分布式、自助、按需等优势。架构具备轻量、敏捷、高度自动化特性，让云更"好用"，有力保障业务高并发资源高可用的同时，支持复杂业务小步快跑，快速迭代。

京东云通过"JDT1"项目，将京东领先的数智化供应链理念和能力注入大生鲜产业。借助京东云的数字化解决方案，东盟生鲜产业园改变了传统生鲜贸易模式，实现了全流程数字化改造。同时打通消费互联网与产业互联网，让供需两端以更精准、更高效的方式促成交易，有效地提升生鲜产业的供应链效率。

湖南依托自身优越的工业潜力加快供应链数字化转型。湖南地处东南沿海和长江流域腹地，作为长三角城市群、珠三角城市群、成渝城市群构成的区域中心，拥有先进轨道交通装备、工程机械、航空动力等三大世界级产业集群，制造业潜力优越，具有推动供应链数字化转型的巨大动力。近年来，湖南加快以工业电子商务推动制造业供应链集成创新应用，具体表现为：在新兴优势产业链推进工业电子商务的深度应用，围绕信息、产品、服务、资源等推动工业电子商务应用企业和专业平台面向国际国内深入开展网络交易，推动工业企业交易方式和经营模式的网络化、在线化和协同化。面向电子信息、装备、原材料等行业，鼓励企业普及完善供应商管理系统和客户关系管理系统，建立网上统一采购平台和全网覆盖、品类丰富、功能完善的网上销售平台，推动采购模式、销售从线下向线上迁移，推动供应链的协同与优化。打造区域级、行业级、企业级工业互联网平台体系，以供应链为核心利用工业电子商务所形成的庞大数据要素和丰富应用场景，助推工业互联网平台提高企业内部产供销全流程的协同管控能力、人财物等全要素的资源配置能力，推动工业互联网平台要素更加集成、功能更加完善、方案更加有效，完善工业互联网产业生态。

---

**专栏　湖南制造业企业建立网上统一采购平台**

2018 年以来，湖南思洋联合阿里巴巴大企业采购平台面向省内大型工业企业大力推广数字化采购，平台从当初服务湖南中烟工业公司 1 家企业起步，两年时间已有中国纸业投资、湖南湘投控股、蓝思科技、威胜集团等省内 30 家大型制造业企业加入阿里巴巴大企业采购平台，服务模式复制到了江西等中西部省份。中联环境互联网采购平台项目 2019 年 7 月启动运行，上线两个月仅单个采购项目就实现降低成本逾 700 万元。建设运营的"醴陵陶瓷云平台"，整合全国各地陶瓷原材料供应商 300 余家，累计为醴陵 200 家以上企业提供原材料供应服务，使中小陶瓷企业的原材料采购成本降低 15% 左右，长期以来困扰陶瓷产业发展的原材料采购价格居高不下、产品质量以次充好等问题得到有效缓解。

### （三）中国—中南半岛经济走廊国际产能合作

中国—中南半岛经济走廊是六大走廊[①] 中基础设施互联互通实现效果最佳的经济走廊，目前已经实现了公路、铁路、水路、油气管道、信息通道、口岸的建设联通[②]，中老铁路、中泰铁路已经开始建设。基于基础设施互联互通和中国—东盟自贸区覆盖的条件，该经济走廊发展基础良好，合作关系稳定，在产能合作方面达成了具体协议，随着"一带一路"建设、中国—东盟自贸区升级版、RCEP 的推进，中国与中南半岛之间的贸易与合作潜力进一步增大，开展产能合作的基础不断向好，前景乐观。

中国与中南半岛国家国际产能合作进展良好，双方在基础设施、纺织服装、工业建材以及跨境电子商务关键领域开展了一系列产能合作：

老挝：中国已经成为老挝第一大出口市场、第二大贸易伙伴和最大投资来源国。在疫情影响下中国与老挝互利合作逆势上扬，重大项目顺利推进，万万高速 2019 年底竣工通车，中老铁路项目 2020 年 5 月全线辅轨贯通，2020 年底将按期通车；中老磨憨—磨丁跨境经济合作区招商引资持续向好，2020 年相继落地了"纳客中国"达成娜迦新天地综合体项目、"老—中证券有限公司""普通教育全龄段创新型国际学校"等项目；赛色塔综合开发区投资累计超过 13 亿美元，完成一期 4 平方千米基础设施建设，全面启动万象新城建设，累计签约

---

[①]　六大走廊为中蒙俄、孟中缅印、中巴、中南半岛、中国—中亚—西亚、新亚欧大陆桥经济走廊。

[②]　梁颖、卢潇潇：《打造中国—东盟自由贸易区升级版旗舰项目　加快中国—中南半岛经济走廊建设》，《广西民族研究》2017 年第 5 期。

入驻企业 86 家，投资产业涉及电子产品制造、农产品加工、清洁能源、生物医药等。

柬埔寨：根据柬埔寨中央银行统计，近年来中国在柬埔寨外来直接投资中的占比不断攀升，2020 年已达到 51%。中国与柬埔寨合作建设了桑河二级水电站（拥有亚洲最长大坝），合作建设的金边—西港高速公路项目是柬埔寨首条高速公路，吴哥机场项目也在加快推进。中资企业还以基础设施特许权（BOT）方式，投资了贡布甘再水电站、基里隆 1 号及 3 号水电站等。截至 2020 年底，中资企业在柬埔寨已建成投产 10 座水电站、1 座火电站和 2 座重油电站，装机总量占柬埔寨总装机容量的 73%，上网电量占柬埔寨总上网电量的 75%，支持柬埔寨逐步实现电力自主。就是由江苏红豆集团等主导开发建设的西哈努克港经济特区，是中柬"一带一路"合作共赢"样板"项目，目前区内各国企业已达 166 家，员工约 2.5 万人。柬埔寨服装箱包业（柬埔寨经济支柱之一）中的中资企业占比超过七成，直接创造近 50 万个就业机会①。

马来西亚：近年来，中国对马来西亚投资水平较高，截至 2020 年底，中国对马来西亚直接投资累计 172.6 亿美元，连续四年成为马来西亚制造业最大投资来源地。中国和马来西亚合作共建了中马钦州产业园区、马中关丹产业园区等"两国双园"，成效明显。中国企业在马来西亚的投资合作正从以往的纺织、日用品、印刷等领域向可再生能源、物联网、生物科技等领域转变。中国与马来西亚承包工程合作势头良好，2020 年 4 月 9 日，中马合作马来西亚东海岸铁路项目首条隧道提前贯通。4 月 23 日，由中国企业承建的马来西亚巴生港

①《中柬经贸关系疫情中上扬——写在中柬经贸合作论坛举行之际》，2021 年 7 月 23 日，见 http://www.ce.cn/xwzx/gnsz/gdxw/202107/23/t20210723_36742959.shtml。

LPG 项目 TK102 储罐第 5 圈壁板安装顺利完成。截至 2020 年底，中国企业在马累计工程合同额达 5890.5 亿美元[①]。

---

**专栏　马中关丹产业园区—中国与中南半岛国家开展国际产能合作的成功案例**

马中关丹产业园是由中马两国总理亲自推动、两国政府合作共建的产业园区，是中国在马来西亚设立的第一个国家级产业园区，也是马来西亚政府重点扶持的一个国家级产业园区，被列入中国"一带一路"规划重大项目和跨境国际产能合作示范基地。园区于 2013 年 2 月 5 日正式开园，该园区和我国广西地区的中马钦州产业园作为姊妹产业园，开创了"两国双园"国际合作新模式。园区位于彭亨州关丹市格宾工业区内，面积 6.07 平方千米。其交通便利，地理位置优越，距离马来西亚首都吉隆坡 250 千米，距离关丹机场 40 千米，关丹市区 25 千米，关丹港 5 千米，距离我国广西钦州港 2046 千米。

马中关丹产业园重点发展石油化工、建材、钢铁及有色金属、装备制造、清洁能源等产业，配套发展以研发展示、金融保险业、物流业等为主的现代服务业。目前，中国已经入驻了多个项目，比较有代表性的有：中国入驻的首个项目马中关丹产业园年产 350 万吨联合钢铁项目是在习近平主席及马来西亚总理纳吉布的共同见证下签约的第一个入园项目，该项目由广西北部湾国际港务集团与广西盛隆冶金有限公司共同投资建设，计划总投资约 14 亿美元，投产后直接创造就业岗位 3500 个，间接带动就业上万人。广西仲礼瓷业项目是马中关丹产业园第二个入园项目。项目总投资约 5 亿元人民币，占地 500 亩，产量达到每年 2 万吨，年产值 5000 万美元。直接创造就业岗位约 800 个，间接带动就业近 2000 人，带来众多上下游产业，形成产业集群，为中马两国以产业园为平台推动深化国际产能合作起到积极的示范作用。广西投资集团铝型材加工项目是广西投资集团在马中关丹产业园计划投资 10 亿元人民币，建设年产 10 万吨的铝型材加工基地，项目占地约 304 亩，整个项目达产后，每年可实现工业总产值约 1.5 亿美元，可以提供就业岗位 2000 个。无锡尚德太阳能电力项目是全球领先的太阳能光伏制造企业无锡尚德在马中关丹产业园投资晶体硅太阳能电池片及组件项目，项目占地约 607 亩，产品目标产量为每年 3000 兆瓦，预计整个项目达产后，可实现约 20 亿美元的总销售额，可以提供就业岗位 3000—5000 个。

---

缅甸：中缅经贸关系发展迅速，合作领域从最初的经贸援助，发展到项目承包与投资及多边合作。目前，有近 400 家中国企业在缅甸

---

① 刘旭：《守望相助，中马续写合作共赢篇章》，《国际商报》2021 年 5 月 27 日。

的电力、天然气制造和电信等领域进行投资。通过澜湄合作专项基金中国已连续 3 年（2018—2020 年）支持缅方共 51 个项目，合作涉及农业减贫、生态环保、互联互通、文化交流等各领域。此外，双方还开展了缅中钢铁国际产能合作示范园区及 200 万吨 / 年全流程钢厂合作项目、中国国家电网公司承建的缅甸北克钦邦与 230 千伏主干网联通输电工程、仰光达克鞳燃气—蒸汽联合循环电厂发电项目等重大项目。2021 年 1 月 10 日，中缅合作开展缅甸曼德勒—皎漂铁路项目可行性研究谅解备忘录签署仪式在内比都举行。中缅双方在缅甸克钦邦甘拜地、掸邦北部木姐和清水河地区的边境一线建设了边境经济合作区，配套设立海关、移民局以及免税店等，边境经济合作区内生产的商品将享受免税待遇，并可出口其他国家①。

新加坡：新加坡在我国建设了中新（重庆）战略性互联互通示范项目、新川科技创新园、中新苏州工业园区等重大项目。其中，中新（重庆）战略性互联互通示范项目重点推动与重庆在航空产业、交通物流、金融服务、信息通信四个重点领域开展合作；中新苏州工业园区自成立以来，已累计引进了约 3516 个外资项目，累计合同外资 350 亿美元，是国内首个获批上市的国家级经济开发区开发运营主体。截至 2019 年底，园区累计实现境内外上市企业 35 家，其中境外上市 9 家，A 股上市 26 家。②新川科技创新园于 2012 年正式启动建设，目前园区已完成固定资产投资超 107 亿元人民币，开工项目近 100 个，已有方正科技、欧珀通讯、拓尔思科技、爱奇艺区域总部、天象互

---

① 刘旭：《带动经济民生发展 再拓经贸合作空间 叠加 RCEP 效应 中缅经济走廊提速》，《国际商报》2021 年 1 月 13 日。

② 数据来源：苏州工业园区管理委员会，见 http://www.sipac.gov.cn；中新苏州工业园区开发集团股份有限公司，见 http://www.cssd.com.cn。

动、海思科药业、美敦力、微芯生物等 35 个重大项目入驻。[①] 此外，新家坡还与广州合作打造了广州知识城项目（国家级双边合作项目），目前项目累计投资超过 300 亿元人民币。

泰国：2020 年，中国企业对泰国直接投资达 8.2 亿美元，中国企业在泰国新签工程承包合同额 96.7 亿美元，完成营业额 26.3 亿美元[②]。泰中罗勇工业园区是中国首批境外经贸合作区之一，入驻园区的中资企业数量由最初的 30 多家发展到如今的 167 家，解决当地就业达 4 万人[③]。另外，泰国与中国合作共建的中泰(崇左) 产业园区、中泰（玉林）国际旅游文化产业园已经完成了合作框架协议的签订，正在加快招商引资。

越南：中越两国加强经贸合作，符合经济发展客观规律和双方共同需要。2020 年，中国企业对越南直接投资 13.8 亿美元，在越南新签工程承包合同额 49.5 亿美元，完成营业额 29.3 亿美元[④]。中国对越南投资尽管受新冠肺炎疫情影响有所下降，但依然排在对越南投资的 112 个国家和地区中的前三位。越南龙江工业园投资额 1 亿美元，是越南第一个中国独资的、目前中国在越南建成的最大规模的工业园区。全部建成后，年产值将达 60 亿美元，提供劳动力就业 5 万人左右[⑤]。中国

---

① 《一文带你重新认识新川创新科技园》，2019 年 9 月 6 日，见 http://www.sohu.com/a/339105296_100068302。

② 《2020 年 1—12 月中国—泰国经贸合作简况》，2021 年 3 月 12 日，见 http://www.mofcom.gov.cn/article/tongjiziliao/sjtj/yzzggb/202103/20210303042842.shtml。

③ 孙广勇：《为泰国经济复苏增添动力》，2021 年 8 月 6 日，mqb http://world.people.com.cn/n1/2021/0806/c1002–32183329.html。

④ 《2020 年 1—12 月中国—越南经贸合作简况》，2021 年 3 月 12 日，见 http://www.mofcom.gov.cn/article/tongjiziliao/sjtj/yzzggb/202103/20210303042847.shtml。

⑤ 宗何：《海外园区提升中国"一带一路"影响力》，2018 年 9 月 28 日，见 https://www.sohu.com/a/256656138_725908。

东兴—越南芒街跨境经济合作区、中国凭祥—越南同登跨境经济合作区建设正在有条不紊地推进。由中国企业承建的中越云中工业园区是中国企业海外最大的太阳能创业基地。

湘桂向海经济走廊沿湘桂铁路直达中越边境，是"一带一路"中国—中南半岛经济走廊的重要组成部分，是我国中南地区、东部地区连接中南半岛国家最便捷的双向陆海大通道、经贸大通道。湖南作为中南地区面向中南半岛国家的重要省份，可借力湘桂向海经济走廊出海出边、对接中南半岛国家，进一步扩大对外开放，与中南半岛国家开展水利、电力等共同开发，推动汽车、农用机械、机械设备、广播电视等方面合作；广西通过湘桂向海经济走廊为中南地区、华东地区和中南半岛国家双向交流服务，成为中南地区对中南半岛国家开放发展新的战略枢纽，同时也可以与中南半岛国家积极开展农业、矿产开发、旅游等方面的合作。融入与中南半岛国家的国际产能合作，将推动湘桂两省区更好融入"一带一路"和 RCEP 建设。

### (四) 西部陆海新通道的辐射效应

2019 年 8 月 2 日，国家发改委印发《西部陆海新通道总体规划》标志着西部陆海新通道上升到国家战略层面。西部陆海新通道是中国西部向南的出海国际大通道，是中国西部纵横南北的运输大动脉[①]，是衔接"一带"和"一路"的超大区域战略通道。这条大动脉在云南、广西边境地区完成了打开跨国公路铁路运输通道的重要任务，以此联通越南等中南半岛国家，在广西北部湾港口形成铁海联运，南边联通新加坡等东盟国家，影响力扩大至全球，是名副其实的国际大通道。

---

① 傅远佳：《中国西部陆海新通道高水平建设研究》，《区域经济评论》2019 年第 4 期。

其中，海铁联运的主干线是以重庆为陆运中心、以钦州港为陆海运节点、以新加坡港为海运终点，若以重庆为起点向南行驶，途经贵州、南宁、钦州港，在钦州港转船运至新加坡港，最终可至世界各地；若以钦州港为起点向北行驶，途经南宁、贵阳、重庆等城市，一并串联昆明、成都、兰州、西安、西宁、乌鲁木齐等地区以及中西亚与中东欧各国。此条海铁联运主干线有机衔接了"一带一路"地区的交通运输，具有影响世界各国区域协调发展的重要战略地位。①

西部陆海新通道上升为国家战略以来，通道建设快速推进，通道建设成员由最初的重庆、广西、贵州、甘肃 4 省区市迅速扩大为西部 12 省区市以及海南省和广东湛江市。一批重大铁路、公路、港口等基础设施项目相继开工建设，陇桂、黔桂、青渝桂等班列相继开行。目前，通道实现了与中欧班列（重庆）的有机联接，辐射联通新加坡、日本、澳大利亚、德国等全球六大洲 90 个国家、190 个港口，初步形成"一带一路"经中国西部地区的完整环线，为通道沿线地区与世界串联带来新动力，通道在国内实现了成渝双城经济圈、北部湾城市群、兰州—西宁城市群、粤港澳大湾区等国内多个城市群的有效联通。通过有机衔接"一带一路"以及极大的运输成本优势，物流效应日益强大，在疫情影响下，通道依然保持强劲。2020 年西部陆海新通道全年开行班列 4596 列，同比增 105%。开行数量超过前 3 年总和，较 2017 年的 178 列增长了 24.8 倍，创历史新纪录②。

西部陆海新通道的开通，为湘桂向海经济走廊建设带来巨大机遇。受益于国家战略，一大批重大基础设施联通项目加快推进，由于

---

① 傅远佳：《中国西部陆海新通道高水平建设研究》，《区域经济评论》2019 年第 4 期。

② 《2020 年西部陆海新通道铁海联运班列开行 4596 列　创历史新高》，2021 年 1 月 2 日，见 http:// www. xinhuanet. com/2021–01/02/c_1126939477.htm。

湖南怀化和广西南宁、柳州、百色、北部湾港都是通道三条通路的重要节点，因此湖南、广西之间的交通设施互联必不可少，从而完善了湘桂向海经济走廊的交通运输体系。此外，广西与东盟等国家的联通更为便捷和直接，广西物流、贸易、产业发展等重要经济发展硬件和软件均得到提升，其向海发展能力、交通物流枢纽节点功能将进一步增强。湖南作为内陆省份，西部陆海新通道建设为其出海出边、对接东盟，实现陆海有机联动提供了重大便利，湖南可以依托焦柳铁路、包茂高速等，利用张吉怀高铁"北上南下"形成系统运输能力，从而为华北、华中等地融入西部陆海新通道提供基础设施支撑。另外，湖南还可以充分发挥怀化交通节点作用，打造西部地区货物转运枢纽，同时进一步拓展自身与东盟国家的贸易和产能合作。通道带来的两省区自身竞争力的提升，进一步促进湘桂向海经济走廊实现产业链对接和延伸，推动走廊建设走深走实。

### （五）跨境物流与制造业供应链一体化加速

新冠肺炎疫情导致制造业供应链受到强烈冲击，且外向型经济比例越大的国家，供应链受到疫情的影响越严重，这种影响通过供应链网络层层放大，造成整个经济层面的贸易萎缩。疫情之下，各国进一步认识到供应链的重要地位，并加快探索开展制造业供应链的变革。一方面，疫情下凸显的制造业复工难、固定成本高等问题，促进了 3D 打印、人工智能、机器人等技术的商业应用以及依托互联网等信息技术的经济活动发展，加速了制造业和信息技术的深度融合，制造业各个环节开始出现从线下向线上转移趋势，制造业供应链开始由"商—产—供—销—客"传统的线性模式向商、产、供、销、客等各要素集成于一体的一体化线上协作模式转变。另一方面，疫情导致的制造业供应链风险以及工业 4.0 的发展进一步推动了物流业制造业的融合发展趋势，制造业企业借鉴跨境贸易（包括跨境电商）带来的全新的供应链和物流运作模式，打造制造业"跨境供应链和物流"，加快建设海外仓、边境仓、产地仓、区域性集散中心，布局境外物流体系，同时，加快物流外包范围和比例，制造业的智能制造升级倒逼物流行业提供匹配的新技术或诞生相应的新模式，不断降低企业跨境物流成本和跨境物流作业时间，物流企业与制造企业间风险共担、利益共享的联动融合发展格局正在形成。

在新冠肺炎疫情发生后，针对我国制造业、物流业发展的实际情况，2020 年 9 月，国家发展改革委、工业和信息化部等 14 部门联合印发《推动物流业制造业深度融合创新发展实施方案》，提出要实现物流业和制造业深入融合和创新发展，以解决供应链弹性不足问题。方案指出要支持物流企业与制造企业开展供应链协同共建模式，引导制造企业整合内部物流服务能力以及仓储、配送、铁路专用线等存量设施资源，向社会提供高水平、专业化的综合物流服务；要大力发展国际物流，加大国际干线物流通道、物流枢纽与制造业园区协同联动，加快培育与我国生产制造业相适应的骨干海运企业、提升国际海运服务能力，鼓励物流、快递企业与骨干制造企业合作开辟国际市场，培育一批具有全球配送、全球采购能力的国际供应链服务商，支持外向型制造企业发展。

跨境物流与制造业供应链一体化融合发展的国际形势和国内政策支持，使得区域合作尤其是内陆地区与沿海地区、产业发达地区与欠发达地区之间的合作成为可能。作为经济欠发达的广西，制造业发展相对比较薄弱，而由于西部陆海新通道等重大国家战略的加持，其物流发展尤其是对东盟国家的跨境物流突飞猛进，优势逐步明显，同时，向海经济产业较为发达，而湖南作为内陆地区，出海出边不便，但制造业等产业较为发达，与 RCEP 成员国的贸易量较大，为了更好地融入 RCEP，两省区有必要通过建设向海经济走廊，以产业链合作，优化供应链，实现优势互补，产业链延伸，进而带动经济高质量发展。

---

**专栏　广西、湖南推动跨境物流与制造业供应链一体化的实践**

　　广西：以跨境电商完善制造业供应链。"十三五"期间，南宁、崇左获批跨境电子商务综合试验区，北海、钦州等地跨境电商零售进口试点，已与越南、印度尼西亚、马来西亚等多个东盟国家开展电子商务合作。2019 年，中国（广西）自由贸易区试验区获国务院批复同意设立，试验区包含南宁、钦州港、崇左 3 个片区。2020 年 8 月，南宁海关关区获批开展跨境电商 B2B 出口试点，广西跨境电商产业发展迎来重大发展机遇。加快建设跨境电商物流通道，面向东盟的跨境电商物流体系逐步形成，正在释放运输畅通的巨大红利。以南宁为枢纽，广西已开通 23 条通往东盟各国的直达航线，南宁—胡志明顺丰全货机航线、南宁—马尼拉跨境电商包机航线运营稳定，中越南宁—河内跨境电商班列关务流程顺畅；崇左片区对跨境电商货物给予绿色通道，在凭祥综合保税区清关的跨境电商货物，1 天可到达越南，2 天可到达泰国，3 天可到达美国。南宁综试区陆续引进和培育了桂贸天下、尚迪等 90 余家跨境电商企业，入驻物流企业超 600 家，为跨境电商产业发展营造了良好的发展环境，壮大了外贸增长新动能。其中，桂贸天下企业管理服务有限公司是广西首个集一站式新外贸综合服务、海外市场拓展服务、外贸"双创"服务及海外采购服务于一体的综合性外贸服务企业。目前，基地已建成网络直播间 1000 平方米，入驻企业达 65 家，共服务中小微外贸企业 300 多家，产品出口至欧洲、美洲、非洲、东南亚等 30 多个国家，2020 年跨境电商模式出口金额达 2.15 亿美元。跨境电商带来了制造业供应链的不断完善。广西怡闻家居科技有限公司通过传统外贸和跨境电商"两条腿"走路的转型，拓展了销售渠道，公司在接触跨境电商一年时间内，业务量已实现翻番。

　　湖南：以工业电子商务推动制造业加速向数字化、网络化、智能化转型。2018 年湖南省政府出台《深化制造业与互联网融合发展的若干政策措施》就推进工业电子商务发展作出重要部署。印发《湖南省工业电子商务与供应链集成创新应用行动计划（2018 年—2022 年）》。2020 年 1 月出台《湖南省数字经济发展规划（2020—2025 年）》，再次就加快推进工业电子商务作出明确部署。为营造工业电子商务产业发展良好环境，举办工业电子商务专题培训班，支持行业协会开展工业电子商务研讨会等系列活动。面向基础条件好、积极性高的重点地区和行业，重点支持了一批网络采购、网络营销重点项目，遴选了一批标杆企业、典型解决方案、优秀服务商，并面向重点工业园区、制造业重点企业组织开展现场交流会，以典型示范促进全省工业企业电子商务深度应用，推动制造业加速向数字化、网络化、智能化转型。在推进工业电子商务发展过程中，湖南涌现出了三一重卡利用 APP 进行线上营销、长沙优力电驱动系统有限公司搭建末端物流租赁综合服务平台成功实现由"卖产品"到"卖服务"的商业模式转型等一系列成功案例。

# 第五章

# RCEP 框架下湘桂向海经济走廊建设面临的制约分析

在新冠肺炎疫情席卷全球、经济形势复杂多变的大背景下，RCEP 的签署将扩大东亚地区范围的产业链，促使东亚地区的产业链在竞争中调整布局，促进提振全球经济。RCEP 为各成员国提供质量更高、互惠更多的经贸发展平台，同时，其高标准的原产地规则、知识产权规则等也对各成员国提出了更高的要求，但这也意味着更激烈的竞争和更多潜在的风险。RCEP 的开放互惠规则将促成成员国之间进行货物贸易的零关税产品数量整体上超过 90%，区域累积的原产地规则使得企业更容易享受协定优惠，海关程序和贸易操作更加便利，服务行业互相开放至少 65% 等。相应地，区域累积的原产地规则将为成员国带来更激烈的竞争，我国国内产业也将卷入这场竞争风暴之中，我国在初级产品和资源产品贸易行业、教育服务业等方面优势较低，在劳动、资本、知识密集型制造业占据较优势的地位，但我国在传统劳动密集型产业产品方面的出口大于进口，而在高端产业方面的进口则大于出口。RCEP 生效后，传统劳动密集型产业向东盟国家的转移加速，我国在这方面产品的竞争优势将被削弱；同时，我国高端产业面临的来自日本和韩国的竞争将增强。另外，高标准的知识产权规则会对部分经贸活动产生抑制作用，与国际上其他协定的知识产权规则相互交织将给各个企业带来挑战和风险。在此背景下，我国向海经济发展面临的竞争加剧，湘桂向海经济的发展也同样面对更大的挑战，湘桂向海经济走廊建设将面临产业合作、省际联动、合作出海等方面的制约。

## 一、产业合作制约

RCEP 15 个成员国总人口达 22.7 亿，GDP 达 26 万亿美元，出口总额达 5.2 万亿美元，占全球总量约 30%[①]；2020 年中国对 RCEP 成员国出口额占出口总额的 27%，RCEP 生效后该占比将提升到 35%。RCEP 成员国贸易往来将占据全球贸易总量的 30%，中国近 30% 的出口都能得到零关税的优惠待遇。[②]RCEP 深度调整区域价值链和产业链，长江经济带是我国融入 RCEP 的领头羊，加之长三角的地理位置距离日韩较短，我国将会成为 RCEP 成员国强大的贸易伙伴。这意味着，长江经济带各地区之间的产业竞争加剧，而临近长江经济带的区域受到的虹吸效应更明显。广西与长江经济带相邻，地处 RCEP 成员国枢纽位置，是 RCEP 区域产业转移最合适的转入地，将遭遇来自 RCEP 成员国、长江经济带的竞争风暴。湘桂合作发展向海经济走廊在如此激烈的竞争风暴中，还将面临着湘桂两省区内部的产业关联度不够、竞争大于合作的因素制约。

### （一）长江经济带产业有一定竞争

长江经济带区域广阔，横跨中国东中西三大区域，覆盖上海、江

---

① 《商务部：中国已经完成 RCEP 核准　成为率先批准协定的国家》，2021 年 3 月 22 日，见 https://baijiahao.baidu.com/s?id=1694915011399466942&wfr=spider&for=pc。

② 《商务部：RCEP 生效后中国近 30% 出口都可实现零关税》，2021 年 3 月 25 日，见 https://baijiahao.baidu.com/s?id=1695184459298329381&wfr=spider&for=pc。

苏、浙江、安徽、江西、湖北、湖南、重庆、四川、云南、贵州共 9
省 2 市，拥有着国内最丰富的自然、经济、社会资源，是中央重点实
施的"三大战略"之一，是具有全球影响力的内河经济带。这条支撑
着我国经济发展的"巨龙"带动着周边地区的发展，周边地区也纷纷
发力力图跟上"巨龙"发展的脚步，但在这过程中需要面对一系列的
挑战和困境，周边地区如何对接和融入长江经济带发展战略成为一项
亟待研究的难题。

现阶段，长江经济带产业集聚特征凸显。由于长江经济带覆盖的
各地区发展历史、资源禀赋、空间距离不尽相同，各地区主导的产业
存在着差异和同质之处（表 5–1）。然而，产业集群化发展是长江经济
带产业布局的典型特征，在产业集群基础上形成产业集聚是长江经济
带长期以来的发展目标。[1] 产业集聚具有促进经济增长的作用，同时
能够促进长江经济带沿线地区经济发展质量的提升[2]。产业集聚产生的
集聚效应是推动经济增长、技术进步、人才集聚以及结构调整的主要
因素之一。在拥有广阔腹地、良好区位优势、丰富的自然资源、发达
的基础设施等优势条件下，长江经济带具备产业集聚的优势，同时具
备引起产业集聚效应的条件。《国务院关于依托黄金水道推动长江经
济带发展的指导意见》明确了长江经济带培育世界级产业集群的方案，
长江经济带以沿江国家级、省级开发区为载体，以大型企业为骨干，
打造电子信息、高端装备、汽车、家电、纺织服装等五大世界级制造
业集群，同时在沿江布局一批战略性新兴产业集聚区。长江经济带产

---

① 陈建军、胡晨光：《产业集聚的集聚效应——以长江三角洲次区域为例的理论和实
证分析》，《管理世界》2008 年第 6 期。

② 黄庆华等：《产业集聚与经济高质量发展：长江经济带 107 个地级市例证》，《改革》
2020 年第 1 期。

业集聚优势结合《国务院关于依托黄金水道推动长江经济带发展的指导意见》政策内容，现阶段长江经济带形成了东、中、西多中心呈"中心—外围"的发展空间分布特征[①]，东部资本与技术相对充裕但劳动力稀缺而中西部相反的发展要素分布情况[②]，沿海城市对外开放水平较高而其他城市对外开放水平不足的产业开放水平状态[③]，中西部处于产业集聚较低阶段而东部处于较高阶段的产业集聚水平状态[④]。

表 5-1　长江经济带各省市主导产业一览表

| 省市名称 | 主导产业 |
| --- | --- |
| 上海 | 电子信息制造业、汽车制造业、石油化工及精细化工制造业、精品钢材制造业、成套设备制造业、生物医药制造业 |
| 江苏 | 特高压设备制造业、起重机产业、车联网、品牌服装、大数据＋、先进碳材料制造业、集成电路产业、轨道交通设备产业 |
| 浙江 | 低碳工业园、港航物流业、海洋高端装备制造业、生物医药制造业、文化旅游业、互联网＋ |
| 安徽 | 集成电路产业、新能源汽车制造业、人工智能产业、智能家电制造业、新基建＋、文化产品产业 |
| 江西 | 城市轨道交通设备产业、电子信息设备生产制造业、互联网应用研发产业、文化旅游服务业、食品医药制造业 |
| 湖北 | 5G 智能制造业、新能源汽车设备制造业、电子化学品制造业、生物医药制造业、纺织材料制造业、智能终端产业、互联网＋ |
| 重庆 | 汽车制造业、消费品产业、能源产业、生物医药产业、文化旅游服务产业、商贸物流产业、高端装备制造产业、绿色环保产业 |

---

① 张跃、刘莉：《绿色发展背景下长江经济带产业结构优化升级的地区差异及空间收敛性》，《世界地理研究》2021 年第 5 期。

② 陈磊等：《要素流动、市场一体化与经济发展——基于中国省级面板数据的实证研究》，《经济问题探索》2019 年第 12 期。

③ 陈磊等：《长江经济带发展战略对产业集聚的影响》，《中南财经政法大学学报》2021 年第 1 期。

④ 陈磊等：《长江经济带发展战略对产业集聚的影响》，《中南财经政法大学学报》2021 年第 1 期。

续表

| 省市名称 | 主导产业 |
|---|---|
| 四川 | 生态建设产业、新型交通设施及交通设备产业、能源产业、高端智能设备产业、生态文化旅游服务产业、矿物材料生产产业 |
| 云南 | 文化旅游服务产业、天然气运输工程、生物医学药物制造业、金属电子材料制造业、绿色智能制造产业、新型交通设备制造业 |
| 贵州 | 先进装备制造产业、基础能源产业、清洁高效电力产业、优质烟酒产业、现代化工产业、基础材料产业、生态特色食品产业、大数据电子信息产业、生物医药产业 |

数据来源:《上海市国民经济和社会发展第十四个五年规划和二〇三五年远景目标纲要 》,2021 年 1 月 30 日, 见 https://www.shanghai.gov.cn/nw12344/20210129/ced9958c16294feab926754394d9db91.html;《省政府关于印发江苏省国民经济和社会发展第十四个五年规划和二〇三五年远景目标纲要的通知》,2021 年 2 月 19 日, 见 http://www.jiangsu.gov.cn/art/2021/3/2/art_46143_9684719.html;《浙 江 省国民经济和社会发展第十四个五年规划和二〇三五年远景目标纲要》,2021 年 2 月 5 日, 见 http://www.zj.gov.cn/art/2021/2/5/art_1229463129_59083059.html ;《安徽省人民政府关于印发安徽省国民经济和社会发展第十四个五年规划和 2035 年远景目标纲要的通知》,2021 年 4 月 21 日, 见 https://www.ah.gov.cn/public/1681/553978211.html;《江西省人民政府关于印发江西省国民经济和社会发展第十四个五年规划和二〇三五年远景目标纲要的通知》,2021 年 2 月 5 日, 见 http://www.jiangxi.gov.cn/art/2021/3/1/art_4968_3210662.html ;《湖北省国民经济和社会发展第十四个五年规划和二〇三五年远景目标纲要》,2021 年 4 月 12 日, 见 http://www.sygxq.gov.cn/xxgk/zc/qtzdgkwj/202104/t20210412_3278854.shtml。《重庆市人民政府关于印发重庆市国民经济和社会发展第十四个五年规划和二〇三五年远景目标纲要的通知》,2021 年 3 月 1 日, 见 http://www.cq.gov.cn/zwgk/zfxxgkml/szfwj/qtgw/202103/t20210301_8953012.html?from=timeline;《四川省国民经济和社会发展第十四个五年规划和二〇三五年远景目标纲要》,2021 年 3 月 16 日, 见 http://www.sc.gov.cn/10462/10464/10797/2021/3/16/2c8e39641f08499487a9e958384f2278.shtml ;《云南省人民政府关于印发云南省国民经济和社会发展第十四个五年规划和二〇三五年远景目标纲要的通知》,2021 年 2 月 9 日, 见 http://www.yn.gov.cn/zwgk/zcwj/zxwj/202102/t20210209_217052.html ;《贵州省国民经济和社会发展第十四个五年规划和二〇三五年远景目标纲要》,2021 年 2 月 27 日, 见 http://www.gzrd.gov.cn/gzdt/jdgz/tqsybg/39073.shtml。

2019 年长江经济带第一、第二、第三产业结构情况，可反映出长江经济带三产结构占比情况。由表 5-2 可知，2019 年长江经济带第三产业比重最高，第二产业比重较高，已经形成"三二一"产业梯次。长江经济带服务型经济主导产业结构特征明显，第一产业发展比重偏低，制造业等第二产业与第三产业并重发展的趋势明显。

表 5-2　2019 年长江经济带 11 省市三产结构情况

单位：%

| 地区 | 第一产业 | 第二产业 | 第三产业 |
|---|---|---|---|
| 上海 | 0.3 | 27.0 | 72.7 |
| 江苏 | 4.3 | 44.4 | 51.3 |
| 浙江 | 3.4 | 42.6 | 54.0 |
| 安徽 | 7.9 | 41.3 | 50.8 |
| 江西 | 8.3 | 44.2 | 47.5 |
| 湖北 | 8.3 | 41.7 | 50.0 |
| 湖南 | 9.2 | 37.6 | 53.2 |
| 重庆 | 6.6 | 40.2 | 53.2 |
| 四川 | 10.3 | 37.3 | 52.4 |
| 贵州 | 13.6 | 36.1 | 50.3 |
| 云南 | 13.1 | 34.3 | 52.6 |

数据来源：《长江经济带经济发展报告（2019—2020）》，2020 年 12 月 23 日，见 https://cyrdebr.sass.org.cn/2020/1223/c5775a100921/page.htm。

长江经济带产业建设集聚情况（表 5-3）可反映出长江经济带产业集聚情况。其中，新材料、汽车制造、装备制造、通信电子等行业由于对专业技术、市场环境、规模经济等要求较高而集聚性强；生物医药、化工工业等行业由于对专业技术、市场条件要求较高而集聚性较强；食品制造、金属加工、服装纺织等行业由于更多地依赖于地方资源而集聚性较弱。

表5-3　长江经济带各类产业主导型开发区空间集聚情况

| 产业主导型 | 涉及产业 | 空间分布情况 | 主要集聚城市 |
|---|---|---|---|
| 新材料主导型 | 新材料、特种材料、化工新材料、航天新材料 | 显著集聚 | 上海、南京、杭州、成都、重庆 |
| 汽车制造主导型 | 汽车及零部件、新能源汽车、汽车整车等 | 显著集聚 | 上海、南京、重庆、合肥、长沙、武汉 |
| 装备制造主导型 | 通用设备、专用设备、交通设备、电气机械制造业等 | 显著集聚 | 上海、杭州、南京、长沙、成都、重庆 |
| 通信电子主导型 | 计算机、通信和其他电子设备制造、电子信息、轻工电子等 | 显著集聚 | 上海、南京、成都、重庆、武汉、长沙 |
| 生物医药主导型 | 医药健康、生物制药、生物科技、医疗器械等 | 集聚 | 上海、成都、南昌、杭州、武汉、贵阳 |
| 化学工业主导型 | 精细化工、化工制品、能源化工、化学纤维制造等 | 集聚 | 昆明、成都、重庆、南京、合肥 |
| 食品制造主导型 | 农副产品加工、食品制造业、饮料制造业、烟草制品等 | 集聚—随机 | 成都、重庆、长沙、武汉 |
| 金属加工主导型 | 黑色金属、有色金属冶炼及压延加工业、金属制造业等 | 集聚—随机 | 南京、上海、南昌、昆明 |
| 纺织服装主导型 | 纺织业、纺织服装鞋帽制造业、皮革羽毛及其制造业等 | 集聚—随机 | 上海、杭州、南昌 |

数据来源：唐承丽等：《长江经济带开发区空间分布与产业集聚特征研究》，《地理科学》2020年第4期。

　　2018年长江经济带东、中、西部地区主导产业类型排名前五的情况，可反映出长江经济带三大地区产业集聚情况。由表5-4中可知，东部地区主要以装备制造、机械制造、新材料、通信电子、汽车制造等资本与技术密集型产业集聚为中心；中、西部地区则集聚了化学工业、金属加工、食品加工等资本与劳动密集型产业，同时集聚部分装备制造、机械制造、通信电子等资本与技术密集型产业。

表 5-4　2018 年长江经济带排名前五的主导产业类型

| 区域 | 产业 1 | 产业 2 | 产业 3 | 产业 4 | 产业 5 |
|---|---|---|---|---|---|
| 东部 | 装备制造 | 机械制造 | 新材料 | 通信电子 | 汽车制造 |
| 中部 | 通信电子 | 机械制造 | 生物医药 | 装备制造 | 食品加工 |
| 西部 | 装备制造 | 金属加工 | 化学工业 | 食品加工 | 生物医药 |

数据来源：田野等：《长江经济带主导产业的类型与格局演化——以省级以上开发区为例》，《经济地理》2020 年第 12 期。

　　长江经济带产业集聚后产生了一定的竞争效应、积聚效应和拥挤效应。对于装备制造等资本密集型产业来说，当产业处于集聚状态时，经济规模变大，相应的经济效应提高，从而进一步促进行业技术的升级和发展，有利于提高该集聚产业的竞争力。即，资本密集型产业处于集聚状态能够产生竞争效应，为市场不断注入活力，促进市场资源配置优化，提高生产效率。对于食品加工等劳动密集型产业来说，当产业处于集聚状态时，使得更多的劳动力资源集聚在一定区域内，相应地扩大区域市场需求，激发市场活力，推动产业结构升级。即，劳动密集型产业处于集聚状态将产生一定的积聚效应，能够促进产业结构升级和拉动经济增长。对于新材料等技术密集型产业来说，当产业处于集聚状态时，产业技术竞争加大，大幅度促进产业技术发展和经济增长，能够扩展区域发展前景。即，技术密集型产业处于集聚状态能够产生一定的竞争效应和积聚效应，能够促进产业技术升级和产业结构升级。但是，无论是资本密集型产业、劳动密集型产业还是技术密集型产业，越来越多的企业进入产业集聚区域，越发激烈的市场竞争将倒逼企业在降低价格的同时减少收益，当产业集聚区域达到饱和状态时，则竞争效应和积聚效应将转变为拥挤效应。拥挤效应的具体后果是，企业集聚程度过高，导致交通拥堵、生态环境恶化、部分成本上升等情况出现，使得部分企业面临竞争无力而被淘汰。同时，产业技术难以突破导致发展停滞不前，产业过于臃肿而市场难以消化，市场资源配置难以合理优化。因而，长江经济带产业集聚产生的竞争性是一把双刃剑，既可以在促进区域经济快速发展的同时带动周边地区发展，也可以在淘汰竞争力小的企业的同时抑制周边地区发展。

此外，在 RCEP 背景下，长江经济带各省市与 RCEP 各成员国的贸易往来更加频繁密切，其产业发展将处于"内外夹击"的竞争状态。长江经济带是我国与 RCEP 各成员国合作的灵魂领军区域，例如日本是江苏第五大贸易伙伴、第三大外资来源地，江苏与日本的贸易额占中日贸易总额的 18.6%；韩国是江苏第四大贸易伙伴和第五大外资来源地，江苏与韩国的贸易额占中韩贸易总额的 24.2%。贸易密切往来将促进长江经济带各省市与 RCEP 各成员国的产业合作，同时，长江经济带主导产业也是 RCEP 合作的重点产业。截至 2021 年 5 月，江苏已批准 7 家省内开发区作为首批中日韩（江苏）产业合作示范园区，形成中日韩地方合作的循环体系和新增长点。江苏将与日韩共同加强在新一代信息技术、高端装备和智能制造、医疗健康、现代服务业等重点产业方面的合作。在高端产业的发展上，长江经济带各省市与 RCEP 各成员国将进行激烈角逐；在合作产业的布局上，长江经济带各省市也将面临日趋激烈的竞争。如电子信息产业中，终端生产商的生产基地将从中国转移至东盟。2013 年，韩国三星手机的最大生产基地在中国，但自 2015 年以来，三星陆续将在中国的 8 个生产基地全部转移到越南，主要生产手机与电子零件等。韩国 LG 也在越南投资了 15 亿美元建造生产基地，2018 年以来，鸿海富士康、仁宝等企业都到越南组建组装代工生产线，将产能转移到越南。

综上，在RCEP背景下，湘桂合作在融入长江经济带战略发展的过程中将面临产业竞争激烈的难题。打造湘桂向海经济走廊将不可避免地融入产业竞争势态之中，广西将面对"双刃剑"的考验。至于竞争后果是促进还是抑制发展，需要根据不同行业所依赖的生产要素来预判。根据上述东、中、西部地区第一产业和第二产业集聚的情况，可知湖南属于中部地区，拥有加工制造业集聚的优势，同时兼具轻工业、新兴产业发展迅猛的优势。湖南不仅拥有支柱产业和优势产业，还处于产业结构较合理、发展质量不断提高的产业发展势态。打造湘桂向海经济走廊，目前广西还缺少相应的产业布局部署，能够融入和竞争的支柱产业和优势产业暂未凸显，对长江经济带溢出产业的承接不够，湖南乃至整个长江经济带产业竞争给广西带来重重压力。

此外，长江经济带第一产业和第二产业的发展质量稳步提升，推动了服务业的发展。近年来，长江经济带的生产性服务业发展势头迅猛，其中信息传输、软件和信息技术服务业，金融服务业，科学研究和技术服务业等依靠信息技术、金融、科研等发展水平的产业属于高端生产性服务业，交通运输、仓储和邮政业，租赁和商务服务业等依靠人力和基础资源因素的产业属于低端生产性服务业。高端生产性服务业在产业集聚的情况下，能够聚拢信息技术、金融、科研等生产要素的显著优势，产生虹吸效应，进而推动集聚区域经济快速增长；低端生产性服务业在产业集聚的情况下，只能在聚拢人力和基础资源的同时进行分配，当分配的速度大于聚拢的速度、区域人力和基础资源饱和时，产生扩散效应，进而降低经济效率。目前，中部地区正处于快速发展阶段，对高端生产性服务业和低端生产性服务业均有较大需求，但低端生产性服务业过度集聚会拉大区域经济差距，不利于区域均衡发展。

湖南属于中部地区，聚拢着高端和低端两种生产性服务业，湘桂向海经济合作在第三产业上也将面临复杂的挑战。广西仍处于发展起步阶段，对高端生产性服务业的需求不如湖南大，则高端生产性服务业发展竞争潜力不如湖南，容易受到虹吸效应影响；湖南低端性服务业发展迅猛，广西将与之形成竞争关系，东部地区低端生产性服务业将溢散至湘桂向海经济走廊，这些产业适当集聚将有效地促进广西经济增长，过度集聚则对广西经济发展产生抑制作用的后果。另外，面对长江经济带地区金融、科研技术等生产要素高速发展，湘桂向海经济走廊融入长江经济带战略将承受一定程度的虹吸效应，广西经济发展将受到一定的抑制作用影响。

### （二）湘桂向海经济关联有限

发展湘桂向海经济走廊不同于发展海洋经济的内容。向海经济内容比海洋经济内容更为丰富，前者的要求比后者的层次更深，二者发展模式和方式不同，因而赖以发展的因素也不同。湘桂两省区具有不同的区位优势，经济发展的重点方向不尽相同，湖南与向海经济关联有限，相应地，湘桂两省区在向海经济方面关联有限。

首先，湘桂两省区区位优势、经济发展重点方向、经济结构不同，与向海经济关联程度不同。发展向海经济对于地理区域优势、科技、经济结构等因素要求较高。在地理区域优势方面，广西发展向海经济得益于"背靠大西南，面向东南亚，坐拥北部湾，衔接丝绸之路"的区位优势；相较之下，湖南缺少发展向海经济得天独厚的地理区位优势，不临海也没有发展向海经济的港口，因此湖南不是发展向海经济的最佳区位。湖南在湘桂向海经济走廊中获得区位优势的资源相应地较少，发展向海经济的相关政策相应也较少。在科技因素方面，广西欲利用科技创新支撑向海经济发展，通过科技进步吸引外商投资、开展中国与东南亚国家的经济合作，再融合更高水平的对外开放的理念，重点打造开放型向海经济；而湖南位于长江经济带中部，着力打造国家重要先进制造业高地、具有核心竞争力的科技创新高地、内陆地区改革开放高地，助推湖南经济高质量发展，更偏向于打造高质量的内陆经济。两省区经济发展侧重不同，与向海经济关联程度也不同。在经济结构方面，广西的第二、第三产业占比较大，第一产业占比较小，第三产业对经济增长贡献占比较大，发展向海经济有利于促进广西的第二、第三产业持续发展，并提高发展质量，有利于提高广西的经济实力和影响力；对湖南来说，第二、第三产业发展迅猛，作为从第一产业发达转变为第二产业发达的新兴工业大省，其工程机械产业集群稳居全国第一位，发展向海经济对于其重视的工业发展促进作用较小，目前暂未在海洋经济和向海经济中取得显著成效。总的来说，湖南的经济发展与向海经济关联程度较小，广西的经济发展与向海经济关联程度较高。

其次，湖南重点发展产业与向海经济关联有限。湖南着力打造"三个高地"，突出工程机械、轨道交通装备、航空航天、新一代信息技术和新材料等重点，着力发展工业制造产业、新材料产业、电子信息产业等内陆经济主导产业，大力推进数字化、智能化的核心技术研发领域的发展。湖南将政策和财政资源投入重点发展产业和领域，加之湖南属于中部内陆地区，发展海洋经济和向海经济相关产业难度较大，只能依靠科技进步发展打造涉海金融服务业、海洋科技服务业、海洋信息服务业等与向海经济相关的产业，而不能发展滨海旅游业、海洋渔业等海洋主导产业。湖南凭借着高新工业园区支撑着巨大的经济产业链，促进湖南经济向高水平发展，侧重于内陆经济的发展模式虽然与向海经济关联有限但十分符合其实际情况。由表 5-5 可知，湖南重点发展的产业与向海经济关联有限，对于食品加工、生物医药、新能源等产业可能与向海经济有部分关联，同时，反映了湖南与广西重点发展的机械制造、生物医药等行业存在同质性，湖南的装备制造、机械制造产业与广西的汽车制造产业存在上下游关系，湖南的电子信息制造、大数据、云计算、人工智能与广西的海洋新兴产业存在上下游关系，两省区在向海经济产业上的关联度不足，在向海新兴产业上存在重点领域合作发展的可能性。

表 5-5　湖南和广西"十四五"规划主要发展的产业

| 地区 | 产业 1 | 产业 2 | 产业 3 | 产业 4 | 产业 5 | 产业 6 |
|------|--------|--------|--------|--------|--------|--------|
| 湖南 | 机械制造 | 装备制造 | 新材料、新能源 | 食品加工、生物医药 | 电子信息制造 | 大数据、云计算、人工智能 |
| 广西 | 汽车制造 | 机械制造 | 生物医药 | 有色金属加工 | 食品加工 | 海洋新兴产业 |

数据来源：《广西壮族自治区人民政府关于印发广西壮族自治区国民经济和社会发展第十四个五年规划和 2035 年远景目标纲要的通知》，2021 年 4 月 26 日，见 http://www.gxzf.gov.cn/zfwj/zxwj/t8687263.shtml；《湖南省国民经济和社会发展第十四个五年规划和二○三五年远景目标纲要》，2021 年 3 月 25 日，见 http://www.hunan.gov.cn/xxgk/tzgg/szbm/202103/t20210325_15073892.html。

最后，湖南加入西部陆海新通道建设的力度有限。西部陆海新通道的建设是为了更好地发展向海经济，为向海经济打下坚实基础，而向海经济的发展需要西部陆海新通道战略的支撑，两者相辅相成、关系密切。湖南与西部陆海新通道建设的密切程度与其发展向海经济的密切程度相关联。湖南与广东、广西相邻，在广西向海经济尚未成型与尚未建设西部陆海新通道之前，湘企在选择出口往东盟国家的货物海运通道时大多选择广东的通道。直至近年来，广西加快建设西部陆海新通道，多项建设取得突破，湖南主动融入西部陆海新通道建设，密切与西部地区的陆海经济联系，加强与广西的合作发展。其中湘桂共建西部陆海新通道的第一步——怀化—北部湾港铁海联运班列合作签约于 2020 年 11 月 27 日完成，协议签署后，怀化市政府将对怀化—北部湾港铁海联运班列给予政策扶持。目前，湖南正在加速建设怀化西铁路货运站，并同时建设配套的大型物流园［怀化国际（东盟）物流产业园］，与广西共同培育和推广西部陆海新通道品牌。这个合作具有里程碑式的意义，但对于整个湖南来说，其中仅一个市达成合作协议还远远未实现湘桂两省区共建西部陆海新通道的目标，两省区合作力度不够大。此外，湘桂在西部陆海新通道的建设中还存在着一些较为突出的问题。例如在公路方面，西部陆海新通道大部分路段是高速公路，广西与湖南高速公路连接通道较少。总而言之，湖南加入西部陆海新通道建设的力度不够大，目前的发展与向海经济的关联有限。

（三）湘桂两省区竞争大于合作

广西和湖南都致力于打造具有竞争力的产业，高质量发展当地经济。湖南与广西在一些优势产业方面具有同构性，尤其是湘桂向海经济走廊中的一些先进制造业产业同构性尤为严重，部分地区旅游业也存在竞合关系。广西与湖南也有不少异构性强的产业，尤其是广西缺乏而湖南拥有技术的产业，若能达成这些产业的深度合作，则能够促进两省区经济快速发展。RCEP 生效后，湘桂两省区在出口产品方面竞争将加大，与 RCEP 成员国的合作对接也会表现出较为明显的竞争关系。现阶段两省区的合作机制还有待完善，两省区竞争大于合作的局面难以避免，主要体现在以下几点：

第一，湘桂两省区在优势产业方面同构性严重，竞争激烈，合作可能性小。基于规模效益和市场竞争的需要，两省区在一些竞争较大的优势产业中开展合作的可能性较小，竞争大于合作的局面较难改变。湖南和广西规模以上的同质工业产业包括卷烟生产加工、水泥生产加工、钢材制造、有色金属加工、汽车制造，两省区在这些产品中竞争激烈，其中钢材制造、有色金属加工和汽车制造广西优势较大，其他不相上下（见表5-6）。在工程机械制造业方面，湖南的三一重工、山河智能、中联重科与广西的柳工机械均属于工程机械制造业的龙头企业，均上榜2020年全球工程机械制造商50强。两省区在这个产业中存在很强的同构性，竞争激烈，在国内合作的可能性不大。在新能源汽车行业方面，湖南拥有一批有实力的新能源汽车整车生产企业，比亚迪、长沙众泰、中车时代电动等一批品牌在新能源汽车行业中脱颖而出，技术创新水平不断提升，广西则拥有柳州五菱、柳州延龙等新能源汽车品牌，同时还有桂林星辰科技、柳州延龙汽车、广西天鹅蓄电池等配套企业。随着国内新能源汽车造车势力创新水平不断提高，两省区新能源汽车产业市场竞争将越来越大。在钢铁行业也是如此，湖南拥有华菱钢铁、冷钢等企业，广西则拥有柳钢、广西钢铁等企业。上述企业只有寻找新的产业发展方向和生产具有互补性的产品，才有产业合作的基础和可能性。

表5-6　2020年广西和湖南规模以上工业竞争产品产量及增长速度

| 产品名称 | 单位 | 广西 | | 湖南 | |
|---|---|---|---|---|---|
| | | 产量 | 增长（%） | 产量 | 增长（%） |
| 卷烟 | 万支 | 141.34 | 0.8 | 1625.0 | −1.6 |
| 水泥 | 万吨 | 12137.06 | 1.3 | 10989.1 | 0.4 |
| 钢材 | 万吨 | 4731.16 | 24.4 | 2720.7 | 8.6 |
| 十种有色金属 | 万吨 | 413.66 | 12.9 | 215.0 | 7.5 |

续表

| 产品名称 | 单位 | 广西 | | 湖南 | |
| --- | --- | --- | --- | --- | --- |
| | | 产量 | 增长（%） | 产量 | 增长（%） |
| 汽车 | 万辆 | 174.49 | −4.7 | 63.5 | −25.2 |

数据来源：《湖南省 2020 年国民经济和社会发展统计公报》，2021 年 3 月 16 日，见 http://tjj.hunan.gov.cn/hntj/ttxw/202103/t20210316_14837950.html；《2020 年广西壮族自治区国民经济和社会发展统计公报》，2021 年 3 月 23 日，见 http://www.gxzf.gov.cn/gxsj/dttb/t8329130.shtml。

第二，湘桂两省区在特色产业的发展中合作不足、竞争较激烈。湖南和广西在旅游业的发展上都投入了大量的资源和资金，竞合关系的存在使得两省区在合作中不断博弈，度过磨合期和加快合作步伐是湘桂向海经济走廊建立的一大挑战。具体来说，在旅游业发展方面，存在着一些竞合的方面。一是因文化同源，旅游主题相关产品、项目雷同。例如广西龙胜县和湖南通道县地理位置靠近，前者开发银水侗寨，后者开发芋头古侗寨和独岩民俗风情园，在旅游项目和售卖的商品上几乎一致，都围绕侗族文化来开发项目和产品。在雷同现象较为严重的情况下，若无法开展项目合作，则会产生竞争关系，双方都难以在现有发展状况的基础上获得突破性进展。二是两省区的特色旅游区域存在基础设施差、服务和设施质量不高的情况。两省区的旅游县、镇主要以公路为交通载体，高铁的建设联通了两省区的部分城市，但是对于著名的旅游县城、乡镇来说，还是以公路为主。从国道到省道，建设明显滞后，对于发展旅游业来说支撑力度明显不足。三是两省区仍未形成深度合作关系，没有形成有序的竞争合作秩序。因旅游产业同构性较强，又未合作规划旅游开发和发展，导致可以整合在一起的资源分散，无法形成大的发展格局。因为存在以上几方面的竞合，两省区的合作出现合作不足、暂时未突破现状的问题。但总体来说，湖南的红色旅游、风景旅游、文化旅游等独特的旅游资源，与广西的边境旅游、风景旅游、民族风情旅游、海洋旅游、文化旅游具有很大的差别，两省区可以开展旅游业深度合作。

第三，湘桂在一些互补产业上仍未形成深度合作。竞合关系本可以成为一种良性竞争关系，伴随着博弈和竞争，需要经过不断磨合加深合作力度和扩大合作范围，最终找到适合两省区深度合作的模式和机制，使得竞合关系往良性方向发展。只有转变竞合关系，才能转"亏"为"赢"，最终实现两省区双赢的目的。例如，湖南央企中车株洲轨道交通的装备制造、大数据、人工智能等产业在国内处于领先地位，而这些是广西所缺乏的产业，与湖南相关产业具有一定的异构性。若能达成深度合作，则有利于推进两省区合作，比如可以利用湖南的大数据、人工智能技术，推进广西的糖业、食品、石化、有色金属加工等传统产业拓展"智能+"升级改造，湘桂在这些高新技术行业合作有利于打造产业集群，形成创新驱动新局面。

第四，湘桂两省区进出口产品相似度较高，RCEP 生效后竞争关系将更加明显。2020 年湖南和广西进出口的主要产品是机电产品（见表 5-7），相似度较高。此外，湖南还主要出口电子元件、塑料制品、鞋类、灯具以及部分防疫物资，广西还出口家用电器、医疗仪器及器械等。根据海关统计数据，2020 年，湖南前五大贸易伙伴依次为东盟、中国香港、美国、欧盟、韩国，湖南对 RCEP 成员国进出口 1462.1 亿元，增长 21%。湖南与 RCEP 成员国经贸往来密切，从 2012 年启动 RCEP 谈判起，湖南对 RCEP 成员国的贸易额逐年攀升。2020 年，东盟十国首次成为湖南第一大贸易伙伴，双方贸易总额达 810.3 亿元，增长 30.9%，占湖南外贸总额的 16.6%。2021 年 1—2 月，湖南对东盟十国贸易额 101.5 亿元，增长 86.3%。湖南与 RCEP

成员国的产品结构具有较高的互补性，进口方面，有自韩国进口的集成电路、处理器，自新西兰进口的牛肉、奶粉，自澳大利亚进口的铁矿砂、煤炭等；出口方面，2019 年，湖南对 RCEP 成员国出口机电产品总额 292.7 亿元，占同期湖南对 RCEP 成员国出口总值的 40.1%。2020 年，广西前三大贸易伙伴依次为东盟、中国香港、巴西，对上述贸易伙伴分别进出口 2375.7 亿元、639.1 亿元、204.1 亿元，分别增长 1.7%、12.8%、14.8%，三者合计拉动广西外贸增长 2.9 个百分点。相较之下，广西和湖南均与东盟国家贸易往来密切，RCEP 生效后，在对东盟进出口贸易方面将产生更激烈的竞争氛围。此外，湖南还与韩国对外贸易往来密切，与 RCEP 成员国进出口贸易往来数量大，在对外贸易方面与广西形成较强的竞争关系。

表 5-7　2020 年湖南和广西主要进出口产品对比

| 省份 | 产品名称 | 总额（亿元） | 增长（%） |
|---|---|---|---|
| 湖南 | 机电产品（出口） | 1498.47 | 12.2% |
| | 电子元件、塑料制品、鞋类、灯具等产品（出口） | 保持增长 | 保持增长 |
| | 口罩、防护服、医用手套等疫情防控资（出口） | 74.9 | / |
| | 机电产品（进口） | 661.9 | 21.3 |
| | 高新技术产品（进口） | 451.1 | 44.7 |
| 广西 | 机电产品（出口） | 1476 | 13.3 |
| | 家用电器、医疗仪器及器械（出口） | / | 201<br>114.4 |
| | 机电产品（进口） | 818.9 | 18.2 |
| | 铜矿粉（进口） | 214.1 | 8.3 |
| | 铁矿粉（进口） | 202.8 | 29.7 |
| | 农产品（进口） | 365.5 | 19.1 |

数据来源：《2020 年度湖南省进出口情况新闻发布会》，2021 年 1 月 19 日，见 http://www.scio.gov.cn/xwfbh/gssxwfbh/xwfbh/hunan/Document/1697397/1697397.htm ；《2020 年广西外贸进出口情况》，2021 年 1 月 23 日，见 https://baijiahao.baidu.com/s?id=1689624989554725190&wfr=spider&for=pc。

## 二、省际联动制约

在 RCEP 背景下，广西和湖南受到粤港澳大湾区（以下简称"大湾区"）向海虹吸效应影响更多，人才、资本、创新等要素在大湾区不断集聚。大湾区对外贸易紧密的伙伴是美国、欧盟、东盟、印度等国家和地区，其中东盟是大湾区第一大贸易伙伴。RCEP 生效后，大湾区与东盟的合作贸易往来更加密切，对于湘桂向海经济走廊的虹吸效应将更加明显。在 RCEP 背景下，湘桂虽有合作的决心和意愿，但仍需打好向海互联互通基础，建立完善的沟通合作机制。目前湘桂两省区省际联动受到大湾区虹吸效应、向海互联互通仍有待加强、沟通合作机制仍需进一步加深等因素制约。抓住 RCEP 带来的向海经济发展机遇，建立良好省际联动机制，缓解激烈竞争带来的负面影响。

### （一）粤港澳大湾区产生的向海虹吸效应

虹吸效应本是一种物理现象，指因压力差使液体从压力大的一边流向压力小的一边。这个概念被越来越多的学者运用到经济学领域，指的是当一个区域内具有竞争力和优势地位的中心城市或者一个区域内作为增长极的大城市，与周边城市、区域内中小城市或城镇的发展具有一定差距，后者的资源、资金、人才、消费等要素被吸引至前者，产生的结果是前者经济越来越发达，后者经济发展变得缓慢。据此，虹吸效应的产生不利于区域经济的协调发展，会导致贫富差距加大、社会资源分配不平衡等问题出现，如何应对虹吸效应的负面影响对经济较为落后的地区来说极为重要。大湾区濒江临海，是名副其实的、竞争力强大的中心城市群，是国内经济最发达的经济区域之一，在 RCEP 背景下，与其接近的地区面临着受到向海虹吸效应影响的问题。

一方面，广西与大湾区经济发展水平差距较大，又与大湾区区位相邻，因此近年来受到虹吸效应影响，面临着各方面的挑战。粤港澳地区经济优势明显，集聚着一大批优质的、竞争力强大的国内外企业，尤其是部分企业的总部就在粤港澳地区，作为强劲的经济增长极的优势巨大，资金、人才、资源等自然而然流入。在贸易方面，2020年，广东对东盟进出口 1.09 万亿元人民币，增长 6.5%，东盟超越中国香港成为广东第一大贸易伙伴，美国重回第三大贸易伙伴。大湾区作为广东对外贸易的火车头，对广西产生了明显的向海虹吸效应。在产业集聚和创新方面，例如，大湾区是拥有日化行业上市企业最多的区域，广东是日化企业集聚地。再如，日本历来是广东省佛山市南海区（以下简称南海）最重要的贸易伙伴之一，2018 年南海与日本进出口交易额达 1550 亿日元，其中以汽配产业为代表的企业已成为南海经济发展的重要组成部分。以汽车零部件企业为引领，在南海投资的日资企业类别包括汽车零部件、家电、电子信息、新材料、装备制造等先进制造业，它们在集聚发展的同时也大力推动了南海的区域经济发展和科技创新发展。日资企业大都在大湾区集聚，RCEP 生效将为日资企业在粤发展提供巨大商机。在人才方面，根据表 5-8 和表 5-9 可知，国内 9 所知名高校毕业生就业的属地黏性很明显，其中有 8 所高校毕业生就业地的第一选择都是母校所在省份，第二选择则大多是广东；国内 28 所知名高校的省外就业第一流向，其中有 15 所大学的省外第一去向是广东，6 所大学的省外第一去向是北京，4 所大学的省外第一去向是上海。近年来，大湾区对于人才的吸引力不言而喻，高质量人才大量向大湾区流动。

表 5-8    2019 年 9 所知名高校毕业生就业地区

| 大学 | 就业第一选择地域 | 就业第二选择地域 | 就业第三选择地域 |
|---|---|---|---|
| 北京大学 | 北京 | 广东 | 上海 |
| 清华大学 | 北京 | 广东 | 上海 |
| 复旦大学 | 上海 | 广东 | 浙江 |
| 上海交通大学 | 上海 | 广东 | 浙江 |
| 南京大学 | 江苏 | 上海 | 广东 |
| 浙江大学 | / | / | / |
| 中国科学技术大学 | 安徽 | 上海 | 江苏 |
| 哈尔滨工业大学 | 广东 | 北京 | 黑龙江 |
| 西安交通大学 | 陕西 | 广东 | 北京 |

数据来源：《从 C9 高校毕业生的选择，看中国精英人群的流向》，2021 年 7 月，见 https://xw.qq.com/cmsid/20210710A03JV600。

表 5-9    2019 年国内知名高校毕业生就业地区（28 所）

| 大学 | 留本省工作比例（%） | 省外就业第一去向 | 占比（%） |
|---|---|---|---|
| 华中科技大学 | 27.02 | 广东 | 28.80 |
| 武汉大学 | 29.78 | 广东 | 24.08 |
| 中南大学 | 31.94 | 广东 | 22.41 |
| 南开大学 | 32.77 | 北京 | 21.73 |
| 中国科技大学 | 23.30 | 上海 | 21.00 |
| 厦门大学 | 33.00 | 广东 | 20.70 |
| 北京大学 | 43.55 | 广东 | 20.62 |
| 哈尔滨工业大学 | 11.89 | 广东 | 19.50 |
| 清华大学 | 44.20 | 广东 | 17.80 |
| 天津大学 | 34.50 | 北京 | 17.09 |
| 东北大学 | 17.20 | 北京 | 15.90 |
| 重庆大学 | 32.80 | 四川 | 15.08 |
| 南京大学 | 47.05 | 上海 | 14.00 |
| 大连理工大学 | 27.54 | 北京 | 13.90 |

续表

| 大学 | 留本省工作比例（%） | 省外就业第一去向 | 占比（%） |
|---|---|---|---|
| 西安交通大学 | 37.73 | 广东 | 13.38 |
| 吉林大学 | 25.08 | 北京 | 11.97 |
| 浙江大学 | 58.78 | 上海 | 10.61 |
| 西北工业大学 | 35.13 | 广东 | 10.46 |
| 四川大学 | 50.61 | 广东 | 10.26 |
| 兰州大学 | 34.70 | 广东 | 9.69 |
| 东南大学 | 46.27 | 浙江 | 9.57 |
| 山东大学 | 46.76 | 北京 | 9.23 |
| 中国人民大学 | 55.40 | 广东 | 9.00 |
| 北京航空航天大学 | 56.80 | 上海 | 8.89 |
| 上海交通大学 | 73.47 | 广东 | 8.36 |
| 华东师范大学 | 61.49 | 浙江 | 7.23 |
| 上海外国语大学 | 76.57 | 广东 | 6.98 |
| 复旦大学 | 72.75 | 广东 | |

数据来源：《从C9高校毕业生的选择，看中国精英人群的流向》，2021年7月，见 https://xw.qq.com/cmsid/20210710A03JV600。

　　在科技创新方面，2019年中共中央、国务院印发的《粤港澳大湾区发展规划纲要》明确提出在大湾区建设国际科技创新中心，构建开放型融合发展的区域协同创新共同体，集聚国际创新资源，优化创新制度和政策环境，着力提升科技成果转化能力，建设全球科技创新高地和新兴产业重要策源地。大力推动高水平科技创新载体和平台，推动珠三角九市军民融合创新发展，支持创建军民融合创新示范区；支持港深创新及科技园、中新广州知识城、南沙庆盛科技创新产业基地、横琴粤澳合作中医药科技产业园等重大创新载体建设；支持香港物流及供应链管理应用技术、纺织及成衣、资讯及通信技术、汽车零部件、纳米及先进材料等五大研发中心以及香港科学园、香港数码港建设；支持澳门中医药科技产业发展平台建设。推进香港、澳门国家重点实验室伙伴实验室建设。自 2017 年大湾区合作被李克强总理提出以来，粤港澳三地创新合作进一步深化，加快培育开放创新实验室、创业服务中心等各类创新合作平台和科研载体，瞪羚企业、独角兽企业孵化机制不断完善，在各类园区内形成了创新创业的生态链。据统计，大湾区的广东企业依据《专利合作条约》（PCT）申请的国际专利申请量、授权量已连续 18 年领跑全国，2017—2019 年，广东区域创新能力在全国均居首位。根据世界知识产权组织（WIPO）发布的《全球创新指数报告 2019》，中国共有 19 个区域创新集群跃居全球科技集群榜单，其中深圳—香港、广州创新集群分别居第 2 位、第 21 位。

这对于区位相邻的广西来说，RCEP 的生效使得向海虹吸效应更加明显。另外，广西缺少可作为强劲的经济增长极的城市，也缺少具有巨大竞争力的产业，这样的状况使得经济发展速度不够快，人才、资金等要素都难以集聚和吸引至广西。若不突破虹吸效应带来的束缚，广西的经济发展将陷入一个难以突破的循环之中。广西应当创造更好的营商环境，提供更多的财政支持，以吸引高新科创企业、高质量发展企业入驻，打造向海特色产业链，形成具有竞争力的产业。只有实现人才、资源、资金的整合，配套政策落地支持，才能转变虹吸效应带来的负面影响。当产业化发展起来，企业高质量发展起来，优质资源要素流入广西，才能保证广西经济发展速度的提高，同时抵减粤港澳地区带来的虹吸效应。

另一方面，大湾区港口群发达，广西受到向海虹吸效应影响。大湾区濒江临海，经济发达，拥有得天独厚的港口发展条件，是世界上通过能力最大、水深条件最好的区域性港口群之一，区域港口吞吐量位居世界各湾区之首。大湾区众多港口之中，广州、深圳、香港的港口实力不凡，是位于世界前列的国际枢纽港口，占据着国内港口核心竞争地位，同时，三个港口通过合作实现了港口群更大的效应。其中，广州港港口基础设施先进，深水航道完善，可实现 10 万吨级至 15 万吨级的集装箱船双向通行；2017 年，广州港（含广州海港及内河港）货物吞吐量 5.9 亿吨，集装箱吞吐量 2037 万标准箱；截至 2018 年 8 月，广州港已通达世界 100 多个国家和地区的 400 多个港口，2018 年度港口货物吞吐量世界排名第五。[①] 深圳港港口航道基础设施先进，运输方式绿色环保，具有能耗和成本优势；截至 2018 年，深圳港共开通国际集装箱班轮航线 239 条，覆盖了世界十二大航区，通往 100 多个国家和地区的 300 多个港口；2020 年年集装箱吞吐量位于全球第四。[②] 香港港口占尽地利，既在珠三角入口，又位于经济增长骄人的亚洲太平洋周边的中心，是全球最繁忙、最高效的国际港口之一；目前有 80 多条国际班轮每周提供约 500 班集装箱班轮服务，连接香港港至世界各地 500 多个目的地。[③] 面对港口群如此发达的劲敌，广西的向海经济受到虹吸效应影响较大。

### （二）湘桂向海互联互通有待提升

湘桂向海经济的重要依托是港口，大力推进向海经济的关键是借力由航班、铁路、公路与港口形成的互联互通交通网络，优化交通网

---

① 百度百科词条：广州港，见 https://baike.baidu.com/item/ % E5 % B9 % BF % E5 % B7% 9E% E6 % B8 % AF/5264768?fr=aladdin。

② 百度百科词条：深圳港，见 https://baike.baidu.com/item/% E6% B7% B1% E5% 9C% B3% E6% B8% AF/5265416?fr=aladdin。

③ 百度百科词条：香港港，见 https://baike.baidu.com/item/% E9% A6% 99% E6% B8% AF% E6% B8% AF/5905623?fr=aladdin。

络布局有助于加快两省区对接海陆空通道，进一步提升向海经济发展水平。目前，湘桂向海经济走廊互联互通有待提升，强强联合的优势效应尚未完全发掘。

首先，湘桂两省区航线向海合作有待加强。目前，湖南着力打造"四小时航空经济圈"，已通达圈内 16 个国家和地区的 34 个城市，同时加强与北京、成都的航线合作。广西依托北部湾特色区位，加强与粤港澳大湾区航线合作，着力推进西部陆海新通道建设，建设广西与东盟空中桥梁。湖南发展航线包括越南、缅甸、柬埔寨等东盟国家，加强与广西的航线合作是一个双赢举措，符合湖南原拓展东南亚国家航线计划，同时符合湘桂向海经济互联互通交通网络的提升。目前，湖南各机场拓展了欧美洲际航线，增加中国港澳台、日韩航线，但与南宁航空口岸、桂林航空口岸、北海航空口岸的合作不够紧密，没有足够重视开设飞至东盟及中南半岛国家与地区的航线。两省区在货机航行方面的合作中，尚未形成联通湘桂的向海航线和湘桂对接东盟的向海航线，这不利于湘桂两省区海洋经济产业向东盟国家发展，对提升湘桂向海发展外向度的促进作用不强。

其次，湘桂两省区港口与铁路向海互联互通水平有待加强。广西北部湾港是我国大陆距马六甲海峡最近的港口，是西南地区最近的出海口，也是全国沿海铁路布局最完善的港口之一。北部湾港已实现与广西铁路网全网互通，共 47 条铁路股道深入作业区，广西南昆铁路、洛湛铁路、湘桂铁路、黔桂铁路、玉铁铁路形成了"五龙出海"之势。近年来，湖南提出要打通大通道，形成大枢纽，构建大网络，把怀化建设成为对接西部陆海新通道的战略门户。2020 年 11 月 27 日，怀化—北部湾港海铁联运班列战略合作协议签署。怀化自古以来就有"黔滇门户""全楚咽喉"之称，是《西部陆海新通道总体规划》提出建设的三条主通道之东通道。以"铁路口岸"为载体的怀化铁海联运大平台，实现陆上连接湖南及长江中上游经济带，辐射至长江中上游地区及贵州东部、重庆东部、湖北西部等武陵山广大区域，海上联通东南亚、南亚。联通怀化—北部湾港的铁路港口互联互通网络意义重大，是建设怀化—北部湾港—东盟海铁联运物流大通道的关键举措，是湘桂向海经济互联互通迈进的一大步。但湘桂两省区湘桂向海铁路与港口的互联互通仍有待加强，湘桂沿海铁路尚未开通，湘桂高速铁路需加快推动建设，湖南加入西部陆海新通道建设力度不足，只有怀化和北部湾直接联通不足以支撑湘桂向海经济大通道，应当加入重点对接北部湾的节点，联通湘桂向海经济走廊。总的来说，湖南连接北部湾的铁路和高速公路基本形成，但湘桂向海联通范围不足以支撑向海经济产业快速发展，重要联通节点仍未打通，湘桂港口与铁路也未形成全面互联互通，对接东盟的向海经济互联互通水平有待提高。

　　再次，湘桂两省区高速公路向海互联互通水平有待加强。道（湖南道县）贺（广西贺州）高速、泉南高速公路（途经福建泉州、三明；江西吉安；湖南衡阳、永州；广西桂林、柳州、南宁）、桂（桂林）三（三江侗族自治县）高速、永（湖南永州）贺（广西贺州）高速、厦（厦门）蓉（成都）高速、武冈至龙胜高速、包（包头）茂（茂名）高速是现已建成的且已通车的湘桂互通高速公路，已基本形成对接北部湾的高速公路网络。广西在 2035 年将基本同步实现社会主义现代化对高速公路的要求，新增通往大湾区、长株潭、北部湾、东盟国家等主方向的高速公路，其中湘桂互通的高速公路路段规划如表 5–10 所示，湘桂区域间高速公路网络覆盖将更加全面。但是，湖南目前没有针对联结湖南、广西以及东盟国家的高速公路规划，对于向海互联互通的重视不够。迄今为止，湖南没有直通北海、钦州、防城港三个沿海城市的高速公路，联结港口与高速公路的节点仍未打通，湘桂仍未实现沿海高速公路的互联互通。对于向海经济发展来说，没有联通沿海高速公路不利于向海物流运输、进出口贸易等产业发展，也不利于湘桂发展向海经济的紧密合作。

表5–10 《广西高速公路网规划（2018—2030 年)》中湘桂互通高速公路路段规划

单位：千米

| 序号 | 规划路段 | 里程数 |
|---|---|---|
| 1 | 灌阳（湘桂界）至湖南通道（湘桂界）高速公路 | 180 |
| 2 | 灌阳（湘桂界）至天峨（下老）高速公路 | 498 |
| 3 | 富川（湘桂界）至岑溪（粤桂界）高速公路 | 327 |
| 4 | 全州（湘桂界）至容县（粤桂界）高速公路 | 485 |
| 5 | 龙胜（湘桂界）至铁山港高速公路（含松旺至铁山港东岸段 21 千米） | 730 |
| 6 | 桂林龙胜（湘桂界）至峒中高速公路 | 606 |

数据来源：《广西高速公路网规划（2018—2030 年)》，2018 年 11 月 27 日，见 http://jtt.gxzf.gov.cn/zfxxgk/fdzdgk/ghjh/t3892707.shtml。

最后，湘桂港口口岸互联互通有待加强。南宁海关已相继与黄埔、广州、福州、昆明、贵阳、成都、重庆、长沙、湛江、深圳、南昌、乌鲁木齐、武汉等海关签订了《区域通关改革合作备忘录》，采用"属地申报、口岸验放"通关模式缩短通关速度以及简化流程，降低物流成本。为对接 RCEP，南宁海关正在积极推进 RCEP 成员国"对经过认证的经营者"（AEO）互认工作，但目前长沙海关主要推进中非、中韩 AEO 互认工作，对于对接 RCEP 各成员国的工作计划仍未公开，这表明湖南对于与 RCEP 成员国的 AEO 互认工作重视程度不够。湘桂海关虽已建立互认，但仍需要进一步提高两省区港口互联互通水平，在更加激烈的竞争背景下，两省区港口互通的手续仍不够简化、效率不够高、物流成本不够低。这意味着在 RCEP 生效后湘桂的竞争优势不够强，将面临巨大挑战。

### （三）向海经济沟通合作机制有待深化

湘桂两省区历来重视湘桂合作，广西十分重视深化向海开放战略下的湘桂合作，目前湘桂两省区已在部分领域建立沟通合作机制。但广西向海经济的区域合作目前处于发展阶段，合作开发项目不够多。目前合作机制大多以协商和交流为主要形式，缺乏更深层次合作交流的平台与机制，未能形成以向海经济为主题的更深层、更稳定、更具持续性的沟通合作机制。

一方面，两省区历来重视湘桂合作，合作意愿和决心坚定，但湖南对于湘桂向海经济合作的重视不够。两省区党委与政府分别于2008 年、2012 年和 2014 年签订了战略合作框架协议，湖南连续 3 届省委都十分重视湘桂合作，签订了系列合作协议并建立了相应的制度和对接机制。合作建设湘桂向海经济走廊，是落实湘桂两省区领导一贯的开放合作发展思路，是发展和深化湘桂合作框架的具体措施。广西十分重视深化向海开放战略下的湘桂合作，但湖南对于湘桂向海经济合作的重视不够。2020 年 9 月，广西壮族自治区党委与政府召开全区向海经济发展推进会议，提出要"全面系统深入推进'南向、北联、东融、西合'全方位开放合作，积极融入国家'双循环'新发展格局，用好用活各类开放合作平台，深耕蓝海，深耕东盟，持续深化面向海外的开放合作，务实推进国内区域合作，以更大力度推进招商引资，加快形成内聚外合、纵横联动的向海开放发展态势"。其中，与国内区域合作不仅是广西融入国家"双循环"的需要，也是发展向海经济和建设"一带一路"的需要。2020 年，鹿心社书记亲自率广西党政代表团外出考察的三省中，湖南是其中之一，并与湖南签署两区省战略合作框架协议，强调要进一步深化湘桂合作。《中国共产党广西壮族自治区委员会关于制定国民经济和社会发展第十四个五年规划和二〇三五年远景目标的建议》提出"推动平陆运河、湘桂运河等重大项目开工建设""着力打造南北纵向发展主轴"等。共同合作加入西部陆海新通道建设，是目前湘桂两省区对于合作建设湘桂向海经济走廊的前置举措。目前，广西与湖南仍未形成关于发展湘桂向海经济的合作格局，在经济发展规划中合作发展向海经济的体现较少，在相关合作领域向海经济产业发展的体现较少。

另一方面，虽然湘桂两省区在部分领域已建立沟通合作机制，为建立向海经济沟通合作机制奠定了基础，但湘桂向海经济沟通合作机制仍需进一步深化。在交通、旅游、河流治理方面，两省区都建立了相应的合作对话机制。同时，广西与湖南也在泛珠合作机制框架下开展有效合作。在与 RCEP 成员国合作方面，为扩大与东盟国家的贸易往来，湖南与广西的部分城市建立了通关合作机制，与东盟、日本、韩国建立了区域合作机制，例如举办东亚论坛。"十四五"期间，湖南将加强与东亚、东盟的深度合作，做大做强各类国际经贸合作交流平台。广西通过中国—东盟博览会与东盟建立多种合作对话机制，包括培训机制、合作机制、磋商对话机制等。尽管湘桂已经建立基础沟通合作机制，但目前湘桂还缺少一个兼具顶层与底层合作的沟通协调机制，更缺少一个兼具高效与和谐的沟通合作机制。近年来湖南对口东盟国家的贸易往来频繁，湘桂基本形成了向海互联互通格局，但目前仍未形成以向海经济为主题的更紧密的沟通合作机制。在顶层合作方面，虽已达成湘桂合作框架协议以及旅游、河流治理等具体领域的合作协议，仍缺少进一步在西部陆海新通道合作机制范围内寻求紧密合作的空间，在区域合作、向海产业合作、向海互联互通方面暂未达成重点合作协议。考虑到合作机制的稳定性，目前缺少以向海经济为主题的政府领导小组，不利于协调和指导两省区在向海经济方面的合作；在顶层决策方面，缺少向海经济高层合作会议机制，缺少定期研究和统筹两省区向海经济合作的重大问题的稳定机制；在推动两省区向海贸易投资加快发展方面，缺乏向海经济贸易投资促进机制。总之，湘桂在发展向海经济的合作上，在顶层合作上尚未形成常态化、持续化的合作机制。同时，还缺少向海经济走廊的支持政策，对于湘桂港口、铁路、高速公路、航班互联互通的政策支持较少，对于企业之间的出海合作、贸易投资合作等方面的政策支持不够明确、不够成熟。在底层合作机制方面，需要进一步加强两省区沿线市县（区）的高效和谐沟通合作机制。考虑到两省区利益共享同时兼具竞争的关系，目前缺少沿线市县（区）向海经济联席会议制度，向海经济合作共建的深度不够，大型向海经济合作项目数量不足。

### 三、合作出海制约

RCEP历时8年谈判，由各成员国共同完成了1.4万多页法律文本的审核工作，于2020年全面完成市场准入谈判，最终于2020年11月15日领导人会议期间如期签署协定。RCEP是东亚经济一体化建设近20年来最重要的成果，也是一个全面的、现代化的、互惠的协定，其涵盖20个章节，既包括货物贸易、服务贸易、投资等市场准入，也包括贸易便利化、知识产权、电子商务、竞争政策、政府采购等大量规则内容。RCEP涵盖了贸易投资自由化和便利化的方方面面，适应数字经济时代的需要制定相关交易规则，货物贸易零关税产品数整体上超过了90％，显著提高各成员国自由贸易程度，同时在最大程度上兼顾各成员国的利益，给予最不发达国家差别待遇。同时，RCEP 各成员国合作面临着中国与东盟国家之间的文化差异、各成员国利益竞合、日韩向海经济"越顶转移"等问题的制约。

### （一）中国与东盟国家之间的文化差异

文化多样性通常体现在对各国的文化环境的感知和理解的差异上，当这种感知和理解存在一定的难度，就可能会引起一定的冲突或者导致某个合作的不稳定。中国与东盟国家之间存在着民俗和宗教信仰、文化习惯和生活节奏习惯、语言状况、政治法律制度、思维方式和价值观念等文化差异，这些差异对中国与东盟国家之间的合作产生了一定的阻碍。RCEP 的生效，将促进中国与东盟国家更多的贸易、投资往来，而在这个过程中将不可避免地面对中国与东盟国家之间的文化差异。中国在与东盟国家合作的过程中应当重视文化多样性，缓解文化差异给合作带来的负面影响，避免因文化差异带来的冲突。在与东盟国家合作的过程中，应当重视以下几点：

第一，中国与东盟国家民俗、宗教信仰不同可能会在具体合作中引发冲突。东盟国家主流宗教包括佛教、基督教、伊斯兰教、天主教，占比最大的是佛教和伊斯兰教。东盟国家遍布着寺庙，宗教文化盛行，民俗文化重视程度高。我国受儒教影响较大，在投资活动中崇尚忠、义、信，佛教和伊斯兰教也强调信，但其教义存在独特的理解。例如，与以佛教为信仰的柬埔寨、老挝、泰国、缅甸合作时，因佛教教义没有关于企业家精神和强调创造财富的思想，导致商务活动难度增大。再如，与以伊斯兰教为信仰的马来西亚、文莱、印度尼西亚合作时，因伊斯兰教的教义强调诚信，则在合作过程中诚信将得到较好的体现，但由于伊斯兰教规定每天要做 5 次礼拜、对女性人身保护较多、只准许建立伊斯兰银行等规定，将导致信仰在伊斯兰教国家投资的企业需要考虑员工做礼拜的基本需要，雇用女性员工的限制较多，且融资成本较高。这些宗教因素在很大程度上影响着企业的发展，若产生宗教冲突事件则易引发较大损失。员工的宗教信仰、民俗习惯存在较大差异，使得在东盟国家投资的企业存在着较多的顾虑，管理成本相对较高。中国企业到东盟国家进行投资，需要尊重当地民俗、宗教习惯，否则容易引发冲突。

第二，中国与东盟国家文化习惯、生活节奏习惯不同可能对合作产生一定阻力。东盟各国文化习惯、生活节奏习惯不尽相同，从而造成各国劳动力的工作效率不同。对于菲律宾、越南、泰国等国家，当地居民已经对工作形成"later、later、later"（等一等，不着急）的行事观念，同时大多数人时间观念较差。对于企业来说，大部分员工没有高效率、准时等工作观念将严重影响企业生产效率以及管理效果，进而影响企业的竞争力和发展。文化差异给企业带来生产效率的困扰，想要寻求高效劳动力需要想方设法融合当地习惯制定相关的制度，在尊重当地文化习惯和生活节奏习惯的同时还要考虑工作效率问题，这对于一个外企来说是一个较大的挑战，无形中增加了企业的管理成本。此外，在商务活动中一些特殊的东盟国家的文化习惯将对投资活动产生一定的影响，例如对佛教国家的谈判人员切忌露出鞋底或脚底、左手传递文件，这些直观地反映文化习惯的行为在关键场合中具有重要意义，尊重当地的文化习惯才能表现出尊重以及对合作关系的认可。由于东盟国家文化习惯较多、较为复杂，在投资以及贸易合作过程中将面临较多的挑战。当工作观念影响到企业的生产效率和盈利时，则会进一步影响企业投资的热情以及合作的进行。

第三，东盟国家语言状况复杂可能会遭遇沟通交流的障碍。东盟国家各有母语，在商务活动中使用的语言情况较为复杂。把英语作为主要语言之一的国家包括马来西亚、文莱、菲律宾、新加坡，这四个国家的公民将英语广泛应用在生活和商务场合中，在国际上使用英语作为沟通语言将降低商务活动的成本和减缓语言沟通障碍。但是，越南、老挝、缅甸、泰国、印度尼西亚、柬埔寨这 6 个国家未把英语当作普遍使用的沟通工具，在这些国家开展投资活动需要依靠精通该国母语和中文的人才才能够完成沟通，这大大增加了商务活动的沟通成本，甚至由于精通小语种的人才较少而阻碍正常投资活动的开展。此外，使用英语作为沟通语言相较于使用该国母语作为沟通语言，后者比前者更能获得信任感，沟通更顺畅。不管使用何种语言进行商务活动，在东盟国家都会面临一定程度的沟通交流障碍，这是因为商务活动对于语言表达的精准度要求高，商务活动用语复杂，同时实时翻译的场合较多，使得沟通交流成本升高。

第四，中国与东盟国家不同的政治法律制度对贸易投资合作造成一定的影响。东盟国家虽然大多都是发展中国家，但是由于各国历史、政治体制和法律体系不同，使得我国与东盟各国的投资活动需要在国际法、中国法律、各国法律的框架下进行，对于各国法律的适用、司法对接都存在一定的阻碍。RCEP 中涉及法律的部分大多是关于知识产权方面的内容，对于其他领域的司法合作以及具体适用涉及较少，对于中国与 RCEP 其他成员国法律之间的适用衔接仍是一个较为复杂的问题。例如对于汽车领域，RCEP 的知识产权规则是我国签署的区域贸易协定中标准最高的，与《跨太平洋伙伴关系协定》(TPP)专利客体包括"使用已知商品的新方法或新工艺"不同，RCEP 将工业设计专利客体范围延伸至"一个完整物件的部分"，两个规则的不同标准将使得加入了 TPP 的新加坡、文莱、马来西亚、越南、新西兰、日本、澳大利亚面临知识产权规则相互交织、冲突的情形，我国与这些国家合作的时候将受到国际规则差异的影响。东盟各国内部法律对于知识产权保护规则设置不一，对于知识产权的保护程度较低，导致中资企业知识产权遭到侵犯，例如中国"飞鸽牌"自行车在印度尼西亚被抢注的案例。此外，学习东盟国家语言以及法律的人才稀缺，在东盟国家的投资活动在一定程度上受该因素影响。

第五，中国与东盟国家的思维方式、价值观念存在差异可能对商务活动产生影响。RCEP生效后，需要得到东盟国家企业和个人的认可并积极参与投资贸易活动，才能使RCEP的经济提振作用发挥出来。东盟国家的思维方式、价值观念在协定生效实施和投资贸易活动的认可度方面产生较大的影响。例如泰国更倾向于清晰明确的、规范的管理规章制度，新加坡则更喜欢自由的、简单的管理规章制度，前者大部分员工喜欢按部就班，后者大部分员工则喜爱挑战和改变。在面对RCEP正式生效实施时，一些企业能够更好地适应规则，而另一些企业则较难适应新增的规则与办法。相信在RCEP正式生效实施之后，各成员国都将进一步完善细则和实施办法，在进一步提高市场开放度的同时增强外贸交易的规范度。

### (二) 日韩向海经济"越顶转移"

我国的传统海洋产业和新兴海洋产业近年来发展迅猛，但在国际上的合作还存在许多不足和问题，同时，湘桂向海经济合作目前仍存在许多不足。在此背景下，向来重视向海经济的日韩发展迅猛，在国际上迅速占领竞争和合作领域，以强大的发展动力冲击着向海经济市场。随着日韩向海经济竞争优势愈发明显，我国参与向海经济竞争的过程中，遭遇日韩向海经济的"越顶转移"，逐渐显现竞争力不够强、主导被转移的特点。

首先，我国与日韩在向海经济产业上存在竞合关系。无论是在传统还是新兴产业领域，我国与日韩发展向海经济产业结构趋同现象明显。在传统海洋产业方面，我国沿海地区在发展海洋捕捞、海水养殖、海上交通运输以及船舶制造等产业方面已具备成熟发展条件，具备与沿海国家竞争的软硬实力。日韩传统海洋产业同样也具备竞争力，我国与日韩的传统海洋产业的发展与定位存在方方面面的重叠，形成了激烈的竞争局面。尤其在海洋渔业、海洋交通运输业和滨海旅游业的竞争愈发激烈，原因在于中日韩三国均拥有优越的海域地理位置，海洋与港口资源丰富，海洋运输优势大。在新兴海洋产业方面，日韩两国均在技术研发上投入较大，海洋科技产业高度发达，与我国形成激烈竞争的局面。随着新兴向海经济产业的发展兴起，向海经济产业的发展受到海洋资源的限制，发展的主体和产业结构类似，这意味着区域国家之间的合作与竞争不可避免，争夺新兴向海经济产业的主导权意义重大。日本以海洋技术进步、海洋产业高度融合发展为先导形成了向海经济地区集群，将传统与新兴产业相结合深入发展成涵盖二十种产业的海洋产业体系，同时大力发展传统与新兴海洋产业的科技水平，海洋信息、海洋能源资源和海洋生物资源开发关联产业正逐步成为日本未来海洋产业体系中的新兴产业。韩国目前在海底通信技术、海洋资源与能源开发方面处于世界领先地位，同时拥有适宜开展潮汐、潮流、风能发电的海域，具有发展新兴海洋产业的巨大潜力。我国近年来在海洋药物和生物制品、海洋资源与能源开发等新兴产业发展迅速，尤其在海上风电建设、海水淡化等项目上取得重大成效。但是，日韩以向海经济为发展重点，国家的经济与社会生活很大程度依赖海洋及海洋资源，高度重视向海经济的发展，制定财政、金

融、产业与区域、科技与人力等一系列政策配合国家的海洋战略，将
海洋强国战略效果发挥到最大。如此背景下，我国将承受日韩向海经
济"越顶转移"的压力。竞争的同时，中国与日韩两国在向海经济方
面的合作增多。例如，中日在海洋渔业、海上搜救、海洋治理等领域
均开展了一定程度的合作，中韩则在涉海科技、环保、渔业、搜救、
航运、防务及执法等诸多领域开展了一定程度的合作，但就目前的合
作机制来说，中国与日韩两国的合作与沟通协调仍需要进一步加强。

其次，日韩向海经济竞争优势愈发明显，我国受到"越顶转移"
影响。第一，日本海洋资源丰富，作为一个以向海经济产业作为支柱
的岛国，日本十分重视向海经济的发展。日本约有 1088 个港口，港
口密度居全球第一①。日本现已形成了以东京、大阪、神户等国际贸
易港为中心的港口城市群，发达的海洋运输业、造船业和海洋渔业排
名位于世界前列。特别重视海洋科技发展的日本，其海洋科技专利同
样名列世界前茅。不仅如此，日本还十分重视陆海联动发展、海洋资
源保护以及海洋人才培养，这些发展重点造就了日本这个名副其实的
海洋强国。第二，韩国领土面积小、自然资源匮乏，但海洋资源丰
富、三面环海，其向海经济跻身世界前列。韩国的船舶修造业、滨海
旅游业、海上建筑业、海洋运输业举世闻名，这些产业是韩国海洋经
济的支柱产业。同时，韩国新兴海洋产业发达，是海上风力发电、潮
汐能发电的强国。第三，日韩两国在海上航运、船舶以及海洋工程装
备制造、远洋渔业、滨海旅游以及海洋生物医药、海洋新能源等新兴
产业领域上具有较强的竞争力。尤其是在海洋生物医药、海洋新能源
和海水综合利用等海洋战略新兴产业领域，两国投入研发力量和发展

---

① 　徐胜、张宁：《世界海洋经济发展分析》，《中国海洋经济》2018 年第 2 期。

资源取得一定的进展，特别是日本在海洋战略新兴产业领域具备较强的竞争力，韩国则在海洋电子和海洋开发装备制造领域具备很强的国际竞争力。我国向海经济也具备此类海洋高新技术产业的资源和产业发展基础，在发展向海经济的政策支持下，具有国际化合作和竞争的巨大潜力。总之，日韩向海经济发达，发展动力充足，"越顶转移"之势愈发明显。我国具备发展向海经济的成熟条件和巨大潜力，应当客观认识日韩"越顶转移"的影响，积极与日韩等海洋强国寻求合作，增强自身国际竞争力，加大海洋科技投入和海洋人才培养，缓解乃至消灭"越顶转移"，在世界前列海洋强国的竞争中保持强劲的竞争势头。

再次，2021 年来大量日韩企业在东盟国家投资建厂，谋篇布局逐渐成熟，对我国在东盟国家投资的企业冲击巨大。2020 年东盟国家主要贸易伙伴为中国、欧盟、美国、日本、韩国、中国香港（见表5–11），东盟国家外贸依赖程度高，日韩与东盟进出口额占比 13.5%，与我国形成竞争关系的同时，也带来了巨大冲击。对于日韩来说，东盟国家人均收入较低且人口结构年轻，随着居民收入提高，经济发展潜力越来越大。在东盟国家，外企在制造业投资的大型工厂获利空间大，而服务业和娱乐业方面也具有巨大消费潜力。近十年来，日本在东盟国家投资数量越来越大，我国大陆地区是日企进驻数量最多的地区，紧接着就是越南、美国、中国台湾、泰国，受到中美贸易摩擦的影响，排在第二位的越南日企入驻率逐渐上升。作为我国大陆地区生产基地的候选转移地，日企将越南作为对外投资的第二优先选择，截至 2019 年已累计在越南投入 579 亿美元，投资项目数量达 4190 个，2019 年更是占到越南外来投资的 31%，日本成为越南最大投资来源国之一。2015 年，韩国与越南自由贸易协定生效，两国合作关系愈发密切，双边贸易额显著增长。韩国是越南最大的外国投资者之一，有超过 4000 家韩国公司在当地经营。两国相互依存的程度很深：仅三星一家公司就占越南出口总额的四分之一，该东南亚国家也是韩国的第三大出口市场，同时是韩国的第五大进口来源国。日韩与东盟国家贸易往来越来越密切，尤其是在东盟国家投资生产线工厂需要大量的廉价劳动力，日韩将高端科技产业尽量布局在本土，将需要廉价劳动力以及土地资源的产业尽量布局在东盟国家。外资企业依赖着东盟国家的人口红利，而东盟国家也依赖着外资企业带来的经济发展。2019 年至今，日韩大量的加工厂出现在东盟国家，出现激增势头，新增工厂数量超越中国，尤其是地理位置靠近中国的越南，其加工厂激增数量大。日韩企业与中国企业在东盟国家形成进出口贸易竞争局势，许多产品可以越过广西、越过我国在东南亚加工并完成进出口。在此形势下，RCEP 的生效将加大"越顶转移"的效应，加剧中国与日韩在东盟国家进出口贸易的竞争，中国将遭遇更强烈的"越顶转移"的冲击。

表 5-11  2020 年东盟与主要贸易伙伴贸易情况

单位：亿美元

| 贸易伙伴 | 进出口额（亿美元） | 占比（%） | 进口额（亿美元） | 占比（%） | 出口额（亿美元） | 占比（%） |
|---|---|---|---|---|---|---|
| 中国 | 5168.8 | 19.4 | 2984.4 | 23.5 | 2184.4 | 15.7 |
| 欧盟 | 2579.8 | 9.7 | 1101.5 | 8.7 | 1478.3 | 10.6 |
| 美国 | 3083.4 | 11.6 | 971.3 | 7.7 | 2112.1 | 15.1 |
| 日本 | 2040.3 | 7.7 | 1016.1 | 8.0 | 1024.2 | 7.3 |
| 韩国 | 1541.8 | 5.8 | 959.5 | 7.6 | 582.3 | 4.2 |
| 中国香港 | 1123.4 | 4.2 | 959.9 | 6.9 | 163.5 | 1.3 |
| 全球 | 26626.2 | 100.0 | 13946.8 | 100.0 | 12679.4 | 100.0 |

数据来源：《2020 年东盟货物贸易主要情况》，2021 年 7 月 13 日，见 http://www.ccpit.org/Contents/Channel_4170/2021/0713/1353699/content_1353699.htm。

最后，日韩企业科创技术水平位于世界前列，以巨大的能量带动着全球科技创新发展，将加剧"越顶转移"效应。日韩是两个科技创新超级大国，近年来科技创新的发展总体体现出平稳而快速的发展趋势。根据表 5-12 可知，2019 年世界各国依据《专利合作条约》(PCT)申请的国际专利总数为 26.58 万个，日韩两国 PCT 专利申请占全世界总量的 26.99%，日韩两国 PCT 专利申请数量分别位列世界第三和第五。知识产权是经济高质量发展中一个关键的竞争因素，现代经济发展就是一场创新创造的知识竞赛，PCT 专利申请数量排名意味着在这场竞赛里占据的位置。日韩的科技竞争力巨大，在 RCEP 的框架下将对我国形成巨大冲击，在产业链重构的过程中将聚拢高端产业而将低端产业转移至东盟地区，与我国形成激烈的科技创新竞争格局。根据表 5-13 可知，日韩科技龙头企业三菱、三星、LG 在 PCT 专利申请数量上分别位列世界第二、第三和第十，在电子信息技术方面领先于众多国家，占据着科技发展风口的重要位置，在 RCEP 中将在电子信息技术领域形成更加激烈的竞争，"越顶转移"效应明显。

表 5-12  2019 年 PCT 专利申请位列世界前十的国家及数据

| 国家 | 名次 | 数量（个） | 占比（％） |
|------|------|------------|------------|
| 中国 | 1 | 58990 | 22.19 |
| 美国 | 2 | 57840 | 21.76 |
| 日本 | 3 | 52660 | 19.81 |
| 德国 | 4 | 19353 | 7.28 |
| 韩国 | 5 | 19085 | 7.18 |
| 法国 | 6 | 7934 | 2.98 |
| 英国 | 7 | 5786 | 2.17 |
| 瑞士 | 8 | 4610 | 1.73 |
| 瑞典 | 9 | 4185 | 1.57 |

续表

| 国家 | 名次 | 数量（个） | 占比（%） |
|---|---|---|---|
| 荷兰 | 10 | 4011 | 1.51 |
| 全球 | | 265800 | |

数据来源：WIPO,"Who Filed the Most PCT Patent Applications in 2019?"，见 https://www.wipo.int/ export/sites/www/ipstats/en/docs/infographic_pct_2019.pdf。

<br>

表 5-13　2019 年 PCT 专利申请位列世界前十的企业及数据

| 企业 | 名次 | 数量（个） |
|---|---|---|
| 华为（中国） | 1 | 4411 |
| 三菱（日本） | 2 | 2661 |
| 三星（韩国） | 3 | 2334 |
| 高通（美国） | 4 | 2127 |
| OPPO（中国） | 5 | 1927 |
| 京东方（中国） | 6 | 1864 |
| 爱立信（瑞典） | 7 | 1698 |
| 平安科技（中国） | 8 | 1691 |
| 博世（德国） | 9 | 1687 |
| LG（韩国） | 10 | 1646 |

数据来源：WIPO,"Who Filed the Most PCT Patent Applications in 2019?"，见 https://www.wipo.int/ export/sites/www/ipstats/en/docs/infographic_pct_2019.pdf。

# 第六章

# RCEP 框架下湘桂向海经济走廊合作领域的选择

在 RCEP 框架下开展湘桂向海经济走廊合作，不仅需要选择符合湘桂两省区实际的合作领域，而且这些合作领域必须符合 RCEP 规则，只有这样才能让湘桂两省区的合作在与 RCEP 成员国的贸易往来中获得实效。

## 一、合作领域选择的标准与思路

合作领域选择的标准除了符合湘桂两省区的利益，更重要的是要符合 RCEP 规则和标准。

### （一）选择标准

1.对接我国对国际协议承诺的标准。抓住我国加入 RCEP 新机遇，巩固扩大中国—东盟自由贸易区（CAFTA）的成果，无论是在货物贸易、服务贸易，还是在投资领域，我国在 RCEP、CAFTA 里面所作出的开放承诺水平是比较高的，因此，选择的合作领域要符合 RCEP 的基本规则，从有利于进入 RCEP 成员国市场出发，了解并遵守RCEP的市场准入、原产地规则、海关程序和贸易便利化、标准、技术法规和合格评定程序、卫生和植物卫生措施、知识产权、电子商务、经济技术合作等方面的规则，同时，针对不同国家在服务贸易、投资领域对我国的承诺，制定不同的应对措施。

2.对接国家区域发展战略。湘桂向海经济走廊处于我国华南、中南、西南地区和东盟四大经济圈之间，国家已经在各区域制定了一系列发展规划，如《推动共建丝绸之路经济带和21世纪海上丝绸之路的愿景与行动》《西部陆海新通道总体规划》《珠江—西江经济带发展规划》《北部湾城市群发展规划》《长江经济带发展规划纲要》《广西北部湾经济区发展规划》，受各区域发展战略的直接影响和辐射，在不同的区域经济合作中承担不同的功能定位，对接国家区域发展战略、协调各区域发展功能是湘桂向海经济走廊选择合作领域的重要标准之一。

3.两省区有共同需求的领域。以RCEP规则为基础，以产业合作和平台建设为抓手，强化优势产业领域合作，强化湘桂向海经济走廊基础设施建设，从双方的共同需求和共同利益出发，充分发挥各自优势，在优势产业、科技、贸易、物流等领域开展交流合作，找寻双方合作的最大公约数，力求共同利益最大化，实现互利共赢。

4.优势互补。湘桂两省区的产业各具特色、各有优势，形成了各自的特色与品牌。坚持创新驱动发展，以合作创新为中心，选择那些具有资源、技术、市场互补性的优势产业和特色品牌，推动双方优势产业合作创新发展，共同做大做强特色的产业。

5.市场能够发挥主导作用。深刻了解RCEP的规则，两省区政府在湘桂向海经济走廊方面发挥规划引导、政策扶持、管理监督、组织协调等方面的引导作用，但是，要突出市场在湘桂向海经济走廊建设中的决定性作用，遵循 RCEP 规则，由企业最终决定合作项目、合作规模和合作方式，引导社会资本进入湘桂向海经济走廊的产业发展领域，激发市场活力。

6. 坚持绿色低碳发展原则与标准。两省区选择合作领域和合作项目时，要将绿色低碳和可持续发展议题纳入合作内容，以提升投资环境和社会风险管理水平，进而推动投资项目的绿色化发展，鼓励两省区企业建立绿色产业链和供应链，对标国际最新绿色发展标准，通过与上下游合作商等绿色供应链成员间建立长期战略性合作和高效管理模式，提升供应链系统整体的绿色化水平和价值，支持国家碳达峰和碳中和的发展目标。

### （二）选择思路

以习近平新时代中国特色社会主义思想为指导，抓住我国加入 RCEP、中国—东盟自由贸易区升级发展的机遇，全面把握全球产业链重塑调整、科技革命加速演进的契机，瞄准 RCEP 对我国开放的优势产业，选择广西和湖南的优势领域，抢抓新技术与制造业深度融合，加快构建湘桂向海经济走廊沿线的优势产业，形成稳定的产业链关系，推进制造业加速向网络化、智能化、绿色化发展，加快培育新技术、新产品、新业态、新模式，拓展产业增长新空间。着眼于抢占未来产业发展先机，以发展龙头企业为重点，促进形成龙头带动型产业集群，重点加强两省区在新一代信息技术、工程机械、农业机械、新能源汽车、生物农业、高端装备、绿色环保产业等领域的产业链合作，培育湘桂向海经济走廊成为全球性的工程机械、轨道交通装备制造、有色金属加工、特色优势农产品等的产业集聚区，成为面向"一带一路"尤其是 RCEP、东盟国家向海经济发展的优势产业发展带。

## 二、向海经济合作重点领域选择方案

湘桂向海经济合作要重点选择既是 RCEP 成员国急需又让湘桂两省区互补的优势产业。

### （一）湘溢桂需

湖南拥有一些广西所需要的优势产业，如轨道交通装备制造业、工程机械制造业等，另外，先进农业科技也是广西希望两省区重点开展产业链合作的领域。这些也是在大多数 RCEP 成员国尤其是东盟国家具有发展前景的领域。

1. 轨道交通。我国轨道交通装备已经逐步在东盟国家站稳了脚跟，马来西亚米轨铁路升级改造效果显著，中老铁路即将开通运营，雅万高铁即将建成，中泰铁路正在建设，中缅铁路正在开展前期工作，轨道交通装备在东盟国家具有很大的发展前景。湖南是我国轨道交通装备制造业的大省，长沙、株洲和湘潭都拥有轨道交通装备制造业，尤其是株洲，是我国轨道交通装备制造业的主要城市，已形成集研发设计、生产制造、售后服务、物流配套于一体的完整的轨道交通产业集群，2019 年株洲轨道交通装备产业集群总产值就达1250 亿元，国内市场占有率连续 6 年保持第一，电力机车全球市场占有率超过20%[①]。南宁、柳州是广西今后大力发展城市轨道交通的城市，需要大量的轨道交通设施，南宁市已经初步具备了轨道交通装备制造业的基础，除了自身的需要外，两省区可在南宁、柳州合

---

① 《湖南轨道交通产业上下游协同发力——激活创新链升级产业链》，《人民日报》2021 年 1 月 13 日。

作建立轨道交通装备制造业产业园区，生产面向东盟国家需要的轨道交通装备。

2. 水稻优良品种。RCEP 成员国尤其是大部分东盟国家都是农业国家，水稻种植十分广泛，对优良水稻品种需求量很大。在 RCEP 知识产权的规则下，我国优良水稻品种在东盟国家具有良好的推广前景。湖南是杂交水稻的发源地、"杂交水稻之父"的故乡，是水稻人才、资本、技术等现代生产要素的集聚地，是种业科技创新的高地，自 1964 年湖南开创杂交水稻研究以来不断取得突破，实现了从三系到两系再到超级杂交水稻的三次重大技术创新。近年来，超级杂交水稻研究成果显著，一批优质杂交水稻品种在全国稻米食味鉴评中获金奖，资源节约型品种已在生产中应用，"悦两优 2646""泰优农39"等杂交水稻品种产量高、口感好，米质达到了国标一等，为国家粮食安全作出了重要贡献。目前，湖南致力传统种业向现代种业转型升级，杂交水稻种子在世界各地累计推广 80 多亿亩，成为全球现代种业发展的引领者。湖南有全国一流的国家杂交水稻工程技术研究中心，有国家水稻分子育种平台——华智水稻生物技术有限公司，有农作物育种机构——湖南亚华种业科学研究院，带动了一大批种子企业成立了自有的种业科研机构。[①] 广西是水稻种植区，虽然杂交水稻育种技术有较好的基础，但是优良杂交水稻品种仍然不足，广西水稻育种队伍除了向湖南同行学习外，要加强与湖南的杂交水稻育种技术合作，引进湖南优良杂交水稻品种在广西试验推广，合作开发适合广西气候和土壤特点的优良杂交水稻品种，合作向东盟国家推广优良杂交水稻品种及其他优良农作物品种。

---

① 吴砾星：《杂交稻：湖南农业的一面旗》，《农民日报》2019 年 8 月 2 日。

此外，工程机械部件、交流电动机也是湖南拥有的优势行业，也是广西期待两省区合作的领域。

### （二）湘需桂有

广西也有一些优势产业是湖南所需要的，如动力机械、铜业、铝业等及其材料，与湖南可以形成稳定的产业链关系。

1. 有色金属。广西是有色金属之乡，是全国 10 个重点有色金属产区之一。资源储量列在全国前十位的矿产有 64 种，居全国首位的矿产有 12 种。铟储量居世界第一位。其中位居全国前列的优势矿产有锰、锑、锡、铝、钨、铀、铅锌、金、铟、钛等。目前，铝、锰、铜、铟、铅、锌、锡、锑等有色金属产量在全国占有较大的份额。2020 年广西十种有色金属（铜、铝、铅、锌、镍、锡、金、银、锑、钴）总产量达 413.66 万吨[①]，占全国十种有色金属产量 6168.0 万吨的 6.7%，同期湖南十种有色金属产量 215.0 万吨[②]，相当于广西同期产量的 52.0%。同期广西生产电解铝 217.77 万吨，氧化铝 941.06 万吨。广西华锡集团是我国稀有金属工业的龙头企业。世界上 8 种稀贵散金属，华锡集团能生产出 6 种。大锰锰业集团及其所属的大新锰矿和天等锰矿是广西锰业龙头企业，所生产的电解金属锰、硫酸锰、放电锰粉、各种型号电池等主要产品产销量均居全国首位，是我国钢铁和轻化工行业最重要的锰产品材料基地。南南铝业是广西主要的铝精深加工企业。湖南虽然也是有色金属生产大省，但是仅钨、锑、锡等为优

---

① 《2020 年广西壮族自治区国民经济和社会发展统计公报》，2021 年 3 月 23 日，见 http://tjj.gxzf.gov.cn/zxfb/t8328844.shtml。

② 《湖南省 2020 年国民经济和社会发展统计公报》，2021 年 3 月 16 日，见 http://tjj.hunan.gov.cn/hntj/m/tjgb_1/202103/t20210316_14837950.html。

势矿产资源，而湖南的有色金属加工业和装备制造业等领域较为发达，电解铝、铜、锰等金属仍需要大量外购，广西恰好可以弥补湖南这些有色金属产量的不足。可见，两省区在有色金属生产和精深加工方面可以形成密切的产业链和供应链关系。

2. 动力机械。以广西玉柴机器集团有限公司为代表的发动机生产企业是广西动力机械的杰出代表。玉柴机器旗下拥有 30 多家全资、控股、参股子公司，年销售收入超 450 亿元。拥有发动机制造及其产业链、物流及供应链服务，新能源产业（电力、汽车）及相关服务等三大核心战略产业板块，是中国产品型谱最齐全、应用领域最广的内燃机制造基地，在广西、广东、江苏、安徽、山东、湖北、四川、重庆、辽宁等地均有产业基地布局。在发动机研究领域，领先同行推出首台满足国四、国五、国六排放法规的发动机，引领了发动机行业的绿色革命。玉柴机器的发动机产品广泛应用于卡车、客车、工程机械、农业机械、船舶机械和发电机械、专用车、乘用车等领域。湖南是工程机械、农业机械等大省，需要大量的发动机，广西除了向湖南提供适用的发动机以外，还可以与湖南合作，在长株潭城市群布局发动机生产基地，与湖南的工程机械、农业机械构建紧密型产业链关系，同时，可发挥广西发动机人才资源优势，与湖南工程机械、农业机械、新能源汽车等龙头企业合作研发适合湖南需要的发动机，形成研发和生产相结合的新型产业链合作。

此外，热带水果、甘蔗糖是广西的优势农产品，可供湖南农产品加工企业、食品企业作为原材料生产高端食品。广西也是电子元件、汽车零部件的重要产地，也可以与湖南的新一代电子信息产业、新能源汽车构成产业链或供应链关系。

（三）湘优桂优

湘优桂优的重点领域主要是工程机械、电子信息产业和钢铁等。虽然这些领域在 RCEP 框架下受到一些国家的关税保护，但我国在这些领域具有产能规模效益，因此会在 RCEP 成员国中具有很强的竞争力，湘桂两省区强强联合，将进一步增强这些产品的竞争力。

1. 工程机械。工程机械行业是我国装备制造业的重要组成部分，在国家铁路、公路、港口、机场、石化、核能、矿产、桥梁等基础设施建设中发挥不可或缺的作用。湖南和广西在工程机械制造业中占有举足轻重的地位。从"2021 年全球工程机械制造商 50 强"榜单中可以看出，湖南的三一重工、中联重科、铁建重工、山河智能，以及广西的柳工机械在国内外名列前茅（表 6–1）。

表 6–1　2021 年全国工程机械制造商 10 强榜单

| 序号 | 制造商 | 销售额（亿美元） |
|------|--------|------------------|
| 1 | 徐工集团 | 162.52 |
| 2 | 三一重工（湖南） | 152.16 |
| 3 | 中联重科（湖南） | 99.73 |
| 4 | 柳工机械（广西） | 35.23 |
| 5 | 铁建重工（湖南） | 11.66 |
| 6 | 龙工 | 11.46 |
| 7 | 山河智能（湖南） | 11.43 |
| 8 | 山推股份 | 10.87 |
| 9 | 雷沃工程机械集团 | 7.20 |
| 10 | 厦工 | 2.94 |

资料来源：《"2021 全球工程机械制造商 50 强"榜单发布 11 家中国工程机械制造商入榜》，2021 年 4 月 29 日，见 https://oversea.huanqiu.com/article/42vefnanWE1。

　　湖南是我国最大的工程机械制造基地之一，产业的资产比重、收入比重和利润比重多年来位局全国第一位。湖南工程机械产品种类占工程机械品种的 70% 左右，产业集聚较高，主机厂相对集中，配套产业链基本形成，其中混凝土机械、起重机械、环卫机械产量位居全球市场份额榜首。2019 年湖南全省工程机械行业 154 个规模企业主营业务收入 1679.8 亿元，利润总额 229.9 亿元，年末资产总额达到 3160.28 亿元，同比增长 17.5%。主营收入、利润、资产总额占全国比重均居全国首位。全国工程机械板块共有 13 家上市公司，其中湖南有中联重科、三一重工、山河智能三家，总市值 1613 亿元，占全国工程机械板块的 65.3%，三一重工净利润 112.07 亿元，是全国唯一一家净利润超百亿的工程机械企业。总体而言，无论是从总市值、市场规模，还是盈利能力、经营能力来看，以三一重工、中联重科为代表的湖南工程机械企业均处于国内同行上市公司领先地位①。

　　广西的机械装备制造主要分布在柳州、玉林和南宁。其中，柳州的机械工业总量约占广西比重四成，主要有工程机械、电工电器、石化通用机械、轨道交通等行业，其中工程机械和电工电器行业具有较强优势。玉林是全球最大的独立柴油发动机生产基地、中国最大的中小型工程机械生产出口基地。南宁则是以专用汽车、电力设备、工程机械、农用机械等为主的机械装备制造业。以柳工集团有限公司、玉柴机器集团有限公司为代表的机械装备制造企业正在成为广西同行的领头羊。柳工集团的核心业务为轮式装载机、全液压履带式挖掘机、路面机械、小型工程机械、叉车、起重机、推土机、

---

　　① 石海林等：《基于 SWOT 分析的湖南省工程机械产业发展研究》，《现代工业经济和信息化》2020 年第 10 期。

混凝土机械等的研发、生产和销售。多年来，柳工集团扎实推进"全面国际化、全面智能化、全面解决方案"战略。2008 年柳工集团开始在印度建工厂，已在印度成为一个备受尊敬的国际品牌，并通过并购等方式，先后进入了波兰、巴西、美国、英国等国际市场，成为从贸易、营销、海外制造、海外并购再到战略联盟的国际化企业，产品累计销往 170 多个国家和地区。2020 年，即使受新冠肺炎疫情等不利因素的影响和冲击，柳工集团仍然积极开拓海外市场，在印度尼西亚成立第 13 家海外子公司，新开发 15 家海外经销商，增加 102 个海外销售服务网点。2020 年柳工集团营业收入 263 亿元，同比增长 16%，净利润为 13.6 亿元，截至 2020 年底，总资产为 446 亿元①。广西玉柴机器集团有限公司拥有发动机制造及其产业链、物流及供应链服务，新能源产业（电力、汽车）及相关服务等三大核心战略产业板块，是中国产品型谱最齐全、应用领域最广的内燃机制造基地。产品出口东南亚、中东、南美、欧洲等国家与地区，年销售收入超 450 亿元，在玉林、南宁、欧洲建立了三个研发基地，拥有国家级企业技术中心、国家认可实验室、内燃机国家工程实验室等，与 40 多家国内外科研机构合作建立联合开发中心，打造了国际前沿的科研基地②。

广西正在打造机械装备制造产业集群，将加快推进"两企三城"[广西柳工集团有限公司、广西玉柴机器集团有限公司，广西智能制造城（柳州）、广西先进装备制造城（玉林）、南宁高端装备制造城]建设，打造集设计、研发、制造为一体的高端装备制造业产业链。

---

① 《柳工集团 2020 年营业收入突破 260 亿　同比增长 16%》，2021 年 1 月 11 日，见 http://www.sasac.gov.cn/n2588025/n2588129/c16485161/content.html。

② 《玉柴简介》，见 https://www.yuchai.com/about/yu-chai-jian-jie.htm。

从表 6-1 可以看出，虽然这些企业都是我国工程机械行业的优秀重点企业，但是湖南的中联重科、三一重工的规模要比广西的柳工集团大得多。湘桂这 5 家工程机械制造商占据我国工程机械制造业的半壁江山，也是我国工程机械出口的主要企业，由于各企业错位发展，企业联合发展成为可能。

工程机械产业链比较长，上游主要包括钢铁、有色金属冶炼等工程机械制造原材料的生产与加工；中游则是通过机型设计后，进行关键零部件制造、系统总成，而后进入到整机装配；下游包括对设备的营销租赁、运输物流、服务支持和废旧产品回收再造等。虽然，广西与湖南在工程机械销售方面存在一定程度的竞争，但是，由于各企业间发展定位有很大的差别，两省区企业间在工程机械产业链、供应链上还是有很大的合作空间，广西可以供应湖南企业优质钢材、铸件、铝材、铜材等有色金属、柴油机，甚至两省区企业可以共用工程机械售后维修服务。湖南则供应广西轨道交通装备零部件、工程机械零部件、特种钢材等，构建两省区轨道交通装备、工程机械等产业链、供应链关系。

2. 电子信息产业。电子信息产业链条较长，高度依赖供应链体系，产业链上下游企业需要协同发展。广西与湖南的电子信息产业主要集中在湘桂向海经济走廊沿线。湖南的电子信息产业主要集中在长沙、衡阳、株洲、永州（表 6-2），形成长沙高新区、浏阳经开区、衡阳白沙工业园、长沙中电软件园等多个电子信息百亿园区，并不断出现产业溢出效应，带动周边市区电子信息产业发展。"十三五"期间，湖南在做强做大已有电子信息产业的同时，积极布局北斗产业、集成电路、车联网、物联网、人工智能等热点前沿领域。2019 年创建国家级车联网先导区，促进北斗导航、5G、智慧城市、智慧交通、人工智能协同发展，长沙市建设了具有北斗产业特色的示范园区，形成了以长沙为中心，辐射带动株洲，湘潭，继而带动了北斗产业在全省的全面发展。2018 年，湖南电子信息产业规模同比增长超 11%，达 2169.9 亿元，同年，全省电子信息制造业累计完成增加值同比增长近 22%，达 803.48 亿元[①]。2020 年，湖南全省电子信息制造业实现营业收入 2904.42 亿元，同比增长 14.6%；完成出口交货值 560.77 亿元，增长 3.7%。全省电子信息制造业产品中，产量同比增长的占 71.1%。其中，生产笔记本电脑 63 万台，同比增长 1.2 倍；智能手机 1211 万部，增长 74.9 倍；智能手表 308.3 万个，增长 63.7%；服务器 33 万台，增长 2.3 倍；集成电路 17.8 亿块，增长 1.8 倍；半导体光电器件 8.6 亿只，增长 20.6%[②]。据湖南省工业和信息化厅数据，2021 年 1—5 月湖南全省规模以上电子信息制造业实现营业收入 1135.2 亿元，增长 34.9%，较全国行业平均增速高 5.3 个百分点。株洲、邵阳、湘潭、长沙等重点地区分别同比增长 56.7%、52.1%、33.3%、28.4%。其中，长沙高新区电子信息企业实现产值 96.3 亿元，增长 62.5%；浏阳经开区（高新区）电子信息企业累计实现产值 143 亿元，增长 78%，产值占比达 34.3%；株洲高新区电子信息企业产值 114.6 亿元，增长 20.8%；益阳长春经开区电子信息企业累计实现产值 41.2 亿元，增长 29.1%。[③]

---

① 章武等：《湖南省电子信息产业军民两用协同发展现状及标准化对策分析》，《品牌与标准化》2021 年第 1 期。

② 《2020 年电子信息制造业快速增长》，2021 年 1 月 28 日，见 http://www.hunan.gov.cn/hnszf/zfsj/sjfb/202103/t20210308_14760091.html。

③ 陶韬等：《上半年全省电子信息制造业增长强劲》，2021 年 7 月 28 日，见 https://hn.rednet.cn/content/2021/07/28/9715661.html。

表 6-2　2020 年湖南电子信息制造业重点项目名单

| 序号 | 市州 | 项目单位 | 项目名称 |
|---|---|---|---|
| 1 | 长沙 | 长沙惠科光电有限公司 | 第 8.6 代超高清新型显示器件生产线项目 |
| 2 | 长沙 | 蓝思科技（长沙）有限公司 | 视窗触控玻璃面板生产项目 |
| 3 | 长沙 | 中国长城科技集团股份有限公司 | 总部基地及产业化项目 |
| 4 | 长沙 | 湖南盈准科技有限公司 | 声学产品智能制造项目 |
| 5 | 长沙 | 长沙比亚迪电子有限公司 | 智能终端制造和 HUB 仓建设项目 |
| 6 | 长沙 | 长沙惠科金杨新型显示器件有限责任公司 | 全自动绑定生产线项目 |
| 7 | 长沙 | 湖南湘江鲲鹏信息科技有限责任公司 | 华为鲲鹏计算产业硬件产线项目 |
| 8 | 长沙 | 中国电子科技集团第四十八研究所 | 集成电路成套装备国产化集成及验证平台项目 |
| 9 | 长沙 | 长沙中电产业园发展有限公司 | 中国（长沙）自主可控信息安全产业园（中电软件园二期）项目 |
| 10 | 长沙 | 湖南天玥科技有限公司 | 碳化硅材料和芯片项目（一期） |
| 11 | 长沙 | 湖南国科集成电路产业园有限公司 | 国科集成电路产业园项目 |
| 12 | 长沙 | 湖南华天光电惯导技术有限公司 | 华天光电激光陀螺项目 |
| 13 | 长沙 | 长沙比亚迪半导体有限公司 | 50 万片晶圆产能投资项目 |
| 14 | 衡阳 | 湖南雁翔湘实业有限公司 | 年产 1200 万重量箱超白光伏和超薄电子玻璃生产线项目 |
| 15 | 株洲 | 株洲中车时代电气股份有限公司 | 汽车组件配套建设项目 |
| 16 | 株洲 | 湖南长城非凡信息科技有限公司 | 中国长城海洋安全产业化项目 |
| 17 | 株洲 | 湖南国声声学科技股份有限公司 | 智能音箱产业项目 |
| 18 | 邵阳 | 彩虹集团（邵阳）特种玻璃有限公司 | 特种玻璃制造项目 |
| 19 | 邵阳 | 湖南韦全科技有限公司 | 韦全集团智能终端产业园项目 |

续表

| 序号 | 市州 | 项目单位 | 项目名称 |
|---|---|---|---|
| 20 | 邵阳 | 湖南创亿达实业发展有限公司 | 新建显示屏项目 |
| 21 | 岳阳 | 新金宝集团 | 年产 1300 万台喷墨打印机项目 |
| 22 | 岳阳 | 湖南港盛建设有限公司 | 华为新金宝高端制造基地（一期）建设项目 |
| 23 | 常德 | 湖南经世新材料有限责任公司 | 液晶材料、OLED 材料、新型电子材料及中间体生产基地项目 |
| 24 | 益阳 | 湖南五夷光电技术有限公司 | TFT-LCD 液晶显示屏全自动生产线（CP-OLB）项目 |
| 25 | 益阳 | 湖南弗兰德通讯科技有限公司 | 光伏发电设备零部件、5G 设备整机及零部件生产基地建设项目（一期） |
| 26 | 郴州 | 湖南莞湘投资发展有限公司 | 湖南广东电子智能科技产业园建设项目 |
| 27 | 郴州 | 长虹格兰博科技股份有限公司 | 年产 400 万台家用智能机器人生产线建设项目 |
| 28 | 永州 | 湖南经纬辉开科技有限公司 | 年产 650 万片中大尺寸智能终端触控显示器件项目 |
| 29 | 永州 | 江华锐达电子科技有限公司 | 江华锐森电子科技项目 |
| 30 | 怀化 | 湖南五夷芯视界（怀化高新区）电子科技有限公司 | 五夷芯视界生态科技城半导体产业园（一期） |

资料来源：湖南省工业和信息化厅：《关于发布〈2020 年湖南省电子信息制造业重点项目名单〉的通知》，2020 年 3 月 6 日，见 http://gxt.hunan.gov.cn/gxt/xxgk_71033/tzgg/202003/t20200306_11801697.html。

广西的电子信息产业主要集中在桂林、南宁和北海，目前广西拥有南宁富桂精密、南宁瑞声科技、北海三诺、北海惠科、桂林深科技、梧州国光电子、三杰电子等一批重点龙头企业，基本形成了以北海、南宁、桂林 3 个城市为区域中心，梧州、钦州、柳州、贵港等地多点突破的电子信息制造业发展格局。电子信息产业是广西重点培育的千亿元产业之一。2019 年广西电子信息制造业有规模以上工业企业 232 家，完成工业总产值 1330 多亿元，同比增长 5.2%；完成工业销售产值 1327 亿多元，同比增长 6.2%。广西电子信息制造业总体发展规模在全国排名第 17 位。[①] 目前，中国电子北海产业园已经成为广西最大的电子产业园区。2018 年 6 月，惠科集团投资建设惠科电子北海产业新城，项目总投资超过 540 亿元，成为北海电子信息产业中最大的企业。北海市正在与中国电子信息产业集团有限公司深化合作，共同打造广西首个千亿元数字经济示范区。2021 年 2 月 3 日，《北海市政府工作报告》提出"依托惠科等龙头企业，发挥配套产业链比较完善的优势，扶持宣臻、冠捷、石基等企业发展壮大，引进 100 家上下游配套企业，打造电子信息产业集群，力争'十四五'末新增产值 2000 亿元"。

从表 6-2 可以看出，湖南的电子信息制造业主要集中在湘桂向海经济走廊沿线，主要生产电子零部件，终端产品不多，一些电子产品排在全国前列，如湖南国科微电子每年将营业收入的 20% 投入研发，先后在推出高端固态存储控制、高清直播卫星、北斗导航定位、高清安防、智能 4K 解码等拥有核心自主知识产权芯片[②] 等高端产品[③]。广西桂林也拥有较多的电子信息企业，北海惠科等更是广西的电子龙头企业，主要生产电视、电脑等终端产品，桂林和北海都需要大量配套的电子零部件，广西和湖南完全可以依托湘桂向海经济走廊沿线便利

---

[①] 文桂莲：《广西大力延长电子信息产业链》，2020 年 8 月 14 日，见 https://baijiahao.baidu.com/s?id=1674965526186929215&wfr=spider&for=pc。

[②] 章武等：《湖南省电子信息产业军民两用协同发展现状及标准化对策分析》，《品牌与标准化》2021 年第 1 期。

[③] 《部分全国人大代表 来长沙经开区考察》，2019 年 1 月 16 日，见 https://www.icswb.com/newspaper_article-detail-322028.html。

的交通线构建电子信息产业链、供应链关系，打造成为中国新一代电子信息产业发展带。

### 三、向海经济重点领域合作载体选择

在 RCEP 框架下广西和湖南开展向海经济合作，必须要选择合适的载体或平台才能更好地开展合作。

#### （一）自由贸易试验区

自由贸易试验区（free trade zone，以下简称自贸试验区）是指在主权国家或地区的关境以内，划出特定的区域，在贸易和投资等方面实行比世界贸易组织（WTO）有关规定更加优惠的贸易安排，准许外国商品豁免关税自由进出，实质上是采取自由港政策的关税隔离区。建立自贸区我国是新时代推进改革开放的重要战略举措。在我国，狭义上，自贸区仅指提供区内加工出口所需原料等货物的进口豁免关税的地区，类似出口加工区，我国内陆地区大多数自贸区都具有类似的功能，但又远多于这一功能；广义上，还包括自由港和转口贸易区，如香港，海南国际自由贸易港也正在朝自由港的方向发展。广西自贸试验区早于湖南自贸试验区成立，由于两者的区位优势不同，自贸试验区的功能还是有较大的差别。广西处于沿海沿边地区，自贸试验区的发展布局以首府南宁为中心，沿铁路、高速公路向海港（钦州港）和边境口岸（凭祥）发展，三个片区形成首府（南宁）—海港（钦州港）—边境口岸（凭祥）三角形布局，自贸区的功能相对较多。湖南处于中南地区，沿江（长江）沿铁路干线（京广铁路），自贸试验区则以省会长沙为中心，向北在长江边的岳阳，向南在靠近粤港澳

大湾区的彬州设立三个片区，依托铁路线、高速公路连接，形成一字型布局。相较于广西，湖南的自贸试验区缺乏海港和边境口岸，功能相对较少。正因为这样，湘桂两省区自贸试验区可以发挥各自的优势（见表6–3），湖南的岳阳片区则成为广西自贸试验区对接长江经济带的重要窗口，广西的海港和边境口岸可以成为湖南自贸试验区对外经贸合作的重要通道，合作发展跨境电子商务，可见，自贸试验区可成为两省区开展向海经济合作的载体。

表6–3　广西和湖南自由贸易试验区比较

| | 广西 | 湖南 |
|---|---|---|
| 成立时间 | 2019 年 8 月 | 2020 年 9 月 |
| 面积 | 119.99 平方千米 | 119.76 平方千米 |
| 片区 | 南宁、钦州港、崇左 | 长沙、岳阳、郴州 |
| 特点 | 南宁为首府城市，"一带一路"有机衔接的国家级物流枢纽，我国面向东盟开放合作的门户城市；钦州港是沿海港口城市，"一带"与"一路"对接门户港口城市；崇左为边境口岸城市，对接中国—中南半岛经济走廊 | 长沙为省会城市，湖南对接"一带一路"建设的首位度城市；岳阳沿江城市，重点对接长江经济带；彬州是湖南对接粤港澳大湾区的门户城市 |
| 战略定位 | 全面落实中央关于打造西南中南地区开放发展新的战略支点的要求，建设西南中南西北出海口、面向东盟的国际陆海贸易新通道，形成"21 世纪海上丝绸之路"和"丝绸之路经济带"有机衔接的重要门户 | 服务国家战略、聚焦湖南特色、发挥片区优势，着力打造"一产业、一园区、一走廊"三大战略。"一产业"即打造世界级先进制造业集群。"一园区"即打造中非经贸深度合作先行区。"一走廊"即打造联通长江经济带和粤港澳大湾区的国际投资贸易走廊 |

续表

| | 广西 | 湖南 |
|---|---|---|
| 片区功能结构 | 1.南宁片区实施范围46.8平方千米，涵盖四大板块。其中，现代金融板块8.04平方千米、数字经济板块11.04平方千米、文化体育医疗板块7.91平方千米、加工贸易物流板块19.81平方千米（含南宁综合保税区2.37平方千米）。<br>2.钦州港片区总面积58.19平方千米，包括钦州保税港区10平方千米、中马钦州产业园区16.05平方千米、钦州港经济技术开发区32.14平方千米。<br>3.崇左片区实施范围15平方千米，南至友谊关，北至红木城，西至浦寨，东至万通物流园，覆盖主城区、口岸区、物流园区、综合保税区等区域 | 1.长沙片区总面积79.98平方千米（含长沙黄花综合保税区1.99平方千米），主要有长沙经开区区块、会展区块、芙蓉区块、雨花区块、临空区块五大区块。<br>2.岳阳片区19.94平方千米（含岳阳城陵矶综合保税区2.97平方千米）。<br>3.郴州片区实施范围19.84平方千米（含郴州综合保税区1.06平方千米），全部位于郴州高新技术产业开发区 |
| 片区发展定位 | 1.南宁片区打造面向东盟的金融开放门户核心区、数字经济协同发展集聚区、人文交流合作示范区、区域性先进制造业基地和国际陆海贸易新通道重要节点。<br>2.钦州片区建设国际陆海贸易新通道门户港；向海经济产业集聚区；中国—东盟合作示范区。<br>3.崇左片区打造跨境产业合作示范区、构建国际陆海贸易新通道陆路门户 | 1.长沙片区打造全球高端装备制造业基地、内陆地区高端现代服务业中心、中非经贸深度合作先行区和中部地区崛起增长极。<br>2.岳阳片区打造长江中游综合性航运物流中心、内陆临港经济示范区。<br>3.郴州片区打造内陆地区承接产业转移和加工贸易转型升级重要平台以及湘粤港澳合作示范区 |
| 片区产业定位 | 1.南宁片区重点发展现代金融、科技创新、信息服务、总部经济；云计算、大数据、电子商务、科技创新、智慧城市、智能制造；文化艺术、现代传媒、医疗康养、体育运动；战略性新兴产业、出口加工、智慧物流、跨境电商和保税业务等。<br>2.钦州片区重点发展港航物流、国际贸 | 1.长沙片区突出临空经济，重点发展高端装备制造、新一代信息技术、生物医药、电子商务、农业科技等产业。<br>2.岳阳片区突出临港经济，重点发展航运物流、电子商务、新一代信息技术等产业，打造长江中 |

|  | 广西 | 湖南 |
|---|---|---|
|  | 易、绿色化工、新能源汽车、装备制造、电子信息、生物医药、大数据等产业。<br>3. 崇左片区重点发展"五跨"（跨境贸易、跨境物流、跨境金融、跨境旅游、跨境劳务合作），探索跨境产业合作 | 游综合性航运物流中心、内陆临港经济示范区。<br>3. 郴州片区突出湘港澳直通，重点发展有色金属加工、现代物流等产业 |

## （二）重点产业园区

沿湘桂高铁线、高速公路到广西北部湾港，规划布局一批各具特色的产业园区，推动沿线现有工业园区提档升级。重点推进湘桂两省区高新技术产业开发区、国家级经济开发区合作，发挥民营企业家的作用，着重推进两省区民营企业落户重点产业园区，推进装备制造、工程机械、汽车、电子信息产业等领域合作，重点构建机械、电子信息产业链供应链，将长株潭城市群和广西北部湾经济区对接起来，共同打造湘桂优势特色产业基地。加快钦州（湖南）临港产业园建设，打造成为湘桂深化合作的样板。

## （三）共建合作飞地

飞地经济（enclaves economic）是指两个互相独立、经济发展存在落差的行政地区打破原有行政区划限制，通过跨空间的行政管理和经济开发，实现两地资源互补、经济协调发展的一种区域经济合作模式①。飞地经济有多种模式，按飞地建设投入方式的分类标准，可分为：飞出地投资型，即由飞出地负责全部基础建设投入；飞入地投

---

① 赵展慧：《8 部门鼓励市场化方式开展跨区域合作 飞地经济飞更高》，2017 年 6 月 8 日，见 http://politics.people.com.cn/n1/2017/0608/c1001-29325145.html。

资型，即由飞入地负责全部基础建设投入；两地共投型，即由两地按照协议共同分担基础建设投入。

考虑到广西相比湖南的经济发展存在较大的落差，广西与湖南共建合作飞地可能存在两种合作模式：飞出地投资型和两地共投型，即湖南来广西投资建立飞地园区和湘桂两省区合作在广西或其他地区共同投资建设飞地园区。

1. 湘桂飞地园区。考虑到湖南和广西的经济发展水平和区位优势不同，在全面综合考虑交通运输情况、产业基础、劳动力供给、资源价格、进出口便利化等因素的基础上，湖南到广西沿海地区建立飞地经济园区更具可行性。事实上，湖南也是第一个与广西签订建设临港工业园区及专业配套码头、发展飞地经济协议的省份。2009 年 6 月 10 日，广西壮族自治区政府与湖南省政府在南宁签署《关于湖南省在广西钦州市建设临港工业园区及专业配套码头的框架协议》，共同合作在钦州建设临港工业园区及专业配套码头①。目前，湖南已在钦州建设临港工业园区及专业配套码头，但是，产业园区已经建设了十年，至今基础设施建设和招商引资工作仍进展缓慢，引进的企业也屈指可数，造成这一问题的重要原因是该园区建设没有明确的发展定位，没有选准龙头企业入驻，没有形成产业集聚效应。

湘桂飞地园区要发挥湖南龙头企业带动两省区下游产业合作发展。广西要大力支持湖南在广西的沿海地区、边境地区建立生产基地、服务基地和出口加工基地，发展飞地经济。支持湖南企业到广西投资建设飞地园区，或在现有的产业园区采取"园中园"的模式推动湖南飞地产业园建设，支持三一重工、中车等湖南知名企业在广西进

---

① 《湖南省湖南（钦州）临港产业园考察团莅钦考察》，2010 年 11 月 4 日，见 http://www.gxcounty.com/jingji/yqsc/20101104/54378.html。

一步扩大投资，并与广西携手开拓"一带一路"沿线市场。由投促部门牵头，广泛收集对方的投资环境相关信息并及时公布，为企业在湘桂进行双向投资提供有利条件。

2. 湘桂在海外的合作园区。随着"一带一路"建设逐步深化，湖南和广西可以与"一带一路"沿线国家和地区合作，按照市场机制合作建立飞地经济园区，通过利益共享机制把两省区的招商企业引入飞地经济园区。考虑到两省区在机械工业方面都有较好的基础，且互补性较强，可以先引导两省区工程机械、新能源汽车企业"走出去"落户海外飞地经济园区，提高园区的产业集聚程度和集群化水平。而产业集聚度的提高和集群化水平的提升，可有效地延伸产业链，密切两省区产业上下游企业之间的联系。

目前，湖南和广西都有一些有实力的机械制造企业在"一带一路"国家和地区投资建厂，两省区可以在此基础上进一步合作投资，扩大为海外飞地经济园区。广西上汽通用五菱汽车有限公司在印度尼西亚班加西县芝加朗镇投资 7 亿美元建设汽车厂，已于 2017 年建成并投产运营①，该工厂制造、销售五菱品牌汽车，具备 15 万辆整车的年生产能力，占地 60 公顷，包括一个面积 30 公顷的主机厂及一个面积 30 公顷的零部件园区。湖南和广西可以合作在印度尼西亚建立汽车产业园区，引导两省区汽车零部件配套企业落户，利用印度尼西亚的橡胶、石化产品等原材料为上汽通用五菱生产零部件，也可以引进两省区的新能源汽车在产业园区生产，以印度尼西亚为生产基地开拓东盟国家市场。同样，两省区开展第三方市场合作，在南亚、非洲地区合作建设海外产业园区，使两省区的优势产业——工程机械制造业、

---

① 《中国上汽通用五菱印尼工厂正式投产》，2017 年 7 月 11 日，见 https://www.sohu.com/a/156342340_267106。

有色金属加工共同开拓国际市场。

### （四）共建友好城市

加强湘桂向海经济走廊沿线两省区城市之间缔结友好城市关系，尤其是推进互为产业链关系的城市或城区之间缔结友好关系。重点推进长沙与南宁、株洲与柳州、衡阳与钦州、张家界与桂林等城市之间建立友好关系，推进电子信息产业、装备制造、轨道交通、新能源汽车、物流、旅游等领域合作。鼓励北海、防城港、钦州与湘桂向海经济走廊沿线的湖南城市建立友好城市关系，支持广西北部湾港在湘桂向海经济走廊沿线的湖南境内建立内陆"无水港"，建立港铁联运网络。

### （五）共建湘桂大运河

湘桂运河，也称灵渠，湘桂古道的水运通道，是世界上最古老的运河之一。湘桂古道主要是指从桂林经灵川、兴安、全州穿越城岭海洋山往湘南的陆路通道，通过灵渠将漓江与湘江上游的海洋河连接形成贯通珠江水系与长江水系的通道，再沿漓江水路在临贺古城（今贺街）与潇贺古道汇合，然后向东通珠江，进广州，联通大海；西进西江经北流江（藤县）、南流江可与我国最早的对外贸易港口之一的合浦港连成一体，古道鼎盛期达 500 多年。

古时候，北部湾是中原地区对外贸易的重要通道。从地理上看，长江—湘江—灵渠／湘桂古道／潇贺古道—漓江／贺江—西江—北流江—南流江—合浦港／徐闻港是古代中原地区到东南亚国家最便捷的出海通道。目前，湘桂古道沿线已经发生了巨大的变化，由铁路、高速公路、航空等组成的现代化交通基础设施已经取代了湘桂古道的水运，加上湘桂运河年久失修，运河大部分已经淤塞不能使用。湘桂向海经济走廊沿线的湖南长沙、衡阳、株洲、湘潭、邵阳、怀化、常德、岳阳等城市与广西的桂林、柳州、来宾、贺州、梧州、南宁等城市都有高速公路和高速铁路连接，湖南内湘江和资江均通航广西，现代化交通基本形成。

随着国内产业转移加快，中部地区崛起已成为发展趋势，对外开放合作已成为中部地区发展的强烈需求，目前长江出海通道已经满足不了湖南开放发展的需要，迫切需要新的出海通道，而湘桂运河—桂江—西江—平陆运河—北部湾港就是湖南出海通道的新选择。国家、湖南和广西十分重视湘桂运河建设。2006 年，交通部规划院与湖南交通规划院就共同完成了《湘江航道发展规划》制定工作。按规划，由湘江、灵渠及桂江上游组成的湘桂运河将作为长江水系与珠江水系的通道，是可通航 1000 吨级船舶的三级航道。2011 年，湖南提出要建设湘桂运河，并且制定了建设湘桂运河的两个方案，分为东线和西线。湘桂运河东线规划起点为湖南永州萍岛，终点为广西桂江平乐，是湘桂运河建设的首选方案。从永州萍岛至桂江平乐长 332 千米，其中广西境内 90 千米，湖南境内 242 千米。① 湘桂运河开发已列入《湖南省内河水运发展规划》。2013 年，国务院批复的《珠江流域综合规划（2012—2030 年）》提出"桂林港港口规划河段预留发展湘桂运河"。《桂林市国民经济和社会发展第十三个五年规划纲要》提出"积极开展湘桂运河、桂柳古运河等航道工程的规划研究"。2016年，湖南在湘江完成了 8 个梯级枢纽建设，为建设湘桂运河做好了准备。2020 年 11 月，湘江永州至衡阳三级航道改扩建工程祁阳段正式

---

① 陈贻送：《湘桂运河之潇贺古道线路方案研究》，《西部交通科技》2020 年第 6 期。

开工，该项目将整治衡阳蒸水河口至永州萍岛 283 千米的三级航道，按 1000 吨级标准改扩建潇湘、浯溪、湘祁、近尾洲二线船闸 4 座[①]。2021 年，湖南省唐德荣等 11 名人大代表提出《关于将湘桂运河列入国家"十四五"规划的议案》。加快建设湘桂运河是贯彻落实党中央绿色低碳发展重大战略部署的具体行动，是贯彻落实习近平总书记视察广西时重要讲话精神的具体体现[②]。两省区不仅就建设湘桂运河达成共识，而且已经着手筹备运河建设的前期工作。

　　未来建成的湘桂运河将连通长江和珠江两大水系，将为湖南打造第二条水路出海口。两省区要加强合作，共同争取国家支持尽快开工建设。

（六）自然保护区合作

　　湘江、漓江干流的水源均来源于湖南和广西交界处的都庞岭、越城岭、萌渚岭、海洋山、骑田岭，其中都庞岭、越城岭、萌渚岭位于湘南与桂北之间，西端的越城岭山脉：北方是洞庭湖水系里的资江的东源夫夷水，南方是洞庭湖水系里的湘江在广西桂林市兴安县的源头，同时，越城岭山脉西南角的南方所在的兴安县和灵川县又是珠江水系里的西江在广西桂林市的几支的发源地。湘江的源头深入到广西桂林市兴安县灵渠附近。从行政区划上，主要位于广西桂林市的兴安县、全州县、灌阳县、灵川县和资源县，以及湖南永州市的道县、蓝山县、宁远县、江华县、江永县、双牌县、东安县、邵阳市新宁县等

---

　　①　赵露：《惊世之梦"湘桂运河"再进一步！》，2020 年 11 月 11 日，见 https://baijiahao.baidu.com/s?id=1683080163232812747&wfr=spider&for=pc。

　　②　《交通运输部规划研究院到桂林市开展湘桂运河生态专题现场调研》，2021 年 9 月 19 日，见 http://jtt.gxzf.gov.cn/xwdt/tpxw/t10170983.shtml。

县市。保护好这一区域的生态环境，才能保证湘江和漓江源源不断的水源，这既是湘桂运河建设的前提条件，也是湘桂运河可持续发展的重要保障。

目前，湖南和广西在湘江和漓江源头都建立了保护区。截止2019 年，桂林市已建立 12 个自然保护区，总面积 42.7 万公顷，占桂林国土面积的 15.36%，其中国家级自然保护区 4 处（猫儿山、花坪、千家洞、银竹老山），自治区级自然保护区 8 处（海洋山、青狮潭、银殿山、架桥岭、寿城、五福宝顶、建新、桂林南边村国际泥盆—石炭系界限辅助层型剖面）。自然保护区分布在灵川、全州等 11 个县（市、区）。除桂林南边村国际泥盆—石炭系界限辅助层型剖面自然保护区外，其余 11 个自然保护区的类型均以森林生态系统类型为主，其面积占自然保护区总面积的 98.86%。湖南永州市 11 个县有 7 个县为重点生态功能区，包括双牌县、宁远县、蓝山县、新田县、东安县、江永县和江华瑶族自治县，其中双牌县、宁远县、蓝山县、新田县为国家级重点生态功能区，东安县、江永县、江华瑶族自治县为省级重点生态功能区，拥有永州都庞岭国家级自然保护区、东安舜皇山国家级自然保护区（总面积 1.31 万公顷）、宁远县九嶷山国家级自然保护区（总面积 1.02 万公顷）、双牌阳明山国家级自然保护区、东安县湘江湿地保护区，大多属森林生态系统类型自然保护区，这些保护区都处在重点生态功能区内。

湘桂两省区要深化交界处的生态保护和环境保护合作，合作建设青山绿水。一是两省区尤其是桂林市和永州市要加强对保护区的生态监测和环境监测合作，加强森林资源管护和生物多样性保护，切实保护珍稀、濒危野生动植物、古树名木及自然生境，建立重大环境事件应急联动机制。二是合作保护好湘江漓江源头，加强饮用水水源地水质监测及应急能力建设，对饮用水源地区域内畜禽养殖企业进行全面整治，严控流域农药、化肥等农业面源污染饮用水水源，强化对湘江源头水源地保护。三是加强生态公益林、天然林和林地、湿地的"两林两地"保护，合作争取湘江漓江源头以及相关主体功能区、生态功能区的生态补偿资金，完善森林生态效益补偿机制。四是加大水土流失治理力度，合作推进国家和省区级自然保护区、森林公园、地质公园、湿地保护区等重要生态系统和石漠化等生态脆弱地区的保护修复，合作申报建设国家公园。五是坚持生态优先、绿色发展，完善生态环境协同治理机制，共护绿水青山；加强长江和珠江防护林及木材战略储备林等基地建设，合作优化树种组成，改善林种结构，提升森林质量；在符合生态功能定位前提下，鼓励发展各类生态环境友好型产业，倡导绿色发展方式和绿色生活方式转型，合作推动低碳生产和低碳生活。六是强化林业防灾减灾合作，加强对国家级自然保护区的资源保护、森林防火、科教科考、执法合作等，加强联防联治，每年开展执法联合行动，严厉打击偷砍盗伐、乱捕滥猎、乱开滥采等违法犯罪活动，确保国家级自然保护区资源不受损害。强化林业有害生物防治合作，开展以松材线虫病为重点的防治工作合作。

（七）开展优势产品国际标准研发合作

湘桂向海经济走廊的经济发展要对标先进产业水平、质量标准和技术标准，湘桂两省区在 RCEP、CAFTA 合作框架下重点围绕机械、电子信息、轻工、纺织、石化和农业六大优势产业打造产业链供应链，对标国际先进产业水平，按照 RCEP、CAFTA 规则完善产业质量标准、技术标准和规则等，促进产业向中高端迈进、提高产品质量实现升级，提高市场的竞争力。我国政府鼓励国内的行业协会、企事业单位主动参与国际标准的制定，加强与成员国同行的交流合作，一起制定国际标准。两省区可以合作对机械、电子信息、石化和农业领域的质量和技术标准制定进行重点攻关。

### 四、向海经济重点合作领域的选择

湘桂两省区发展向海经济要重点面向东盟和"丝绸之路经济带"，选择一些有利于发挥两省区产业优势的领域开展合作。

#### （一）第一产业的合作领域

湖南在现代农业方面重点发展优质稻、油茶、蔬菜、生猪、茶叶五大优势产业，广西则在蔗糖、水果、蔬菜、渔业、蚕桑、中药材等领域具有明显的优势，两省区在优质稻、油茶、蔬菜以及在农产品流通领域有较大的合作前景。

1. 粮食产业合作。水稻是我国主要的粮食作物之一，全国很多地区都有栽种。湖南是我国水稻主产区，历年水稻播种面积和产量均居全国首位，不仅种植面积大，而且水稻品种多，米质品质好。湘桂向海经济走廊沿线都是稻作区，湖南益阳的沅江大米、大通湖大米、赫山兰溪大米，常德城头山大米、常德香米，永州的江永香米，以及广西的象州红米、上林大米、上思香糯、龙胜红糯等都是国家地理标志产品，两省区合作将湘桂向海经济走廊打造成为全国优质大米集聚区、国家粮食安全保障区。

湖南在粮食产业上比广西更具优势，从水稻育种到大米加工设备制造都处于全国前列，是我国水稻产业链科技研发的高地。湖南杂交水稻研究中心是国内外第一家专门从事杂交水稻研发的科研机构，以杂交水稻育种为重点，进行杂交水稻高产、优质、多抗新品种的选育，创始人为"杂交水稻之父"袁隆平院士，1995 年又以其为依托成立国家杂交水稻工程技术研究中心，拥有杂交水稻国家重点实验室、水稻国家工程实验室（长沙）、杂交水稻国际科技合作基地、联合国粮农组织（FAO）杂交水稻研究培训参考中心和长沙、三亚两大研究试验基地等科技创新平台，是我国水稻优良品种研发的最高殿堂。袁隆平院士领衔的杂交水稻创新团队在超级杂交稻研究方面取得重大进展，同时围绕超级杂交稻"百千万"高产攻关示范工程、超级杂交稻"种三产四"丰产工程和"三分田养活一个人"粮食高产工程等三大粮食增产科技工程开展攻关①。2016 年，袁隆平院士领衔团队建立青岛海水稻研究发展中心，开始专门从事耐盐碱水稻研究，2020年，在山东省东营市的海水稻试验田的亩产量达 860.95 千克，海水稻种植取得初步成功。此外，湖南水稻研究所在水稻种质资源，水稻遗传育种，水稻栽培与耕作技术，农业生物技术等领域取得很多具有推广价值的科技成果，培育了一系列优质、高产、多抗、专用水稻新品种。湖南的粮食机械研发制造业处于全国领先地位。

广西与湖南在开展粮食产业合作上大有可为。一是两省区科研机构合作开展优良水稻品种繁育，将湖南优良水稻品种在广西推广；二是合作在广西沿海地区试验海水稻种植，建立面向东盟的海水稻试验基地；三是两省区科研机构和企业合作开拓东盟国家的农业种子市场；四是两省区企业合作在广西沿海或沿边地区建立农产品加工产业园区，重点加工来自东盟的进口农产品。

2. 油茶产业合作。油茶，又称茶油树，油茶属茶科，因其种子可

---

① 国家杂交水稻工程技术研究中心暨湖南杂交水稻研究中心简介，见 http://hhrrc.hunaas.cn/PageView.asp?MenuID=1.

榨油（茶油）供食用，故名。茶油树是世界四大木本油料之一，它生长在中国南方亚热带地区的高山及丘陵地带，是中国特有的一种纯天然高级油料。茶油色清味香，营养丰富，耐贮藏，是优质食用油；也可作为润滑油、防锈油用于工业。茶饼既是农药，又是肥料，可提高农田蓄水能力和防治稻田害虫。全身是宝，用途广泛。茶油树主要集中在浙江、江西、河南、湖南、广西五省区，其中，油茶种植面积以湖南、江西、广西 3 省区最大。

2009 年 7 月，国家发展改革委、财政部、国家林业局联合颁布的《全国油茶产业发展规划（2009—2020 年）》提出，"力争使我国油茶种植总规模达到 7000 万亩，稳产后，通过抚育改造的油茶林年亩产茶油可达 25 千克，更新、嫁接和新造油茶林年亩产茶油达到 40 千克以上，全国茶油产量达到 250 万吨。同时，形成相对完备的油茶产、供、销产业链条，逐步形成资源相对充足、利用水平高、产出效益显著的油茶产业发展格局"。实际上，该规划的发展目标还没有达到。2020 年全国油茶种植面积达到 6800 万亩，高产油茶林 1400 万亩，茶油产量 62.7 万吨，油茶产业总产值达 1160 亿元。[①] 因此，油茶产业在我国还有很大的发展空间。

湖南油茶林面积、产量、产值、科技水平均居全国第一。截至 2020 年底，湖南油茶种植面积 2196.9 万亩，油茶籽产量 104.2 万吨，茶油产量 25.6 万吨，油茶产业年总产值 518.2 亿元。湖南将油茶确定为实施乡村振兴战略的六个千亿产业之一，并出台了系列扶持政策。2018 年，湖南省林业局编制了《湖南省油茶千亿产业发展规划（2018—2025 年）》，明确用 3 至 5 年时间实现千亿级产业目标。湘桂

---

① 《我国油茶种植面积达 6800 万亩》，2020 年 11 月 27 日，见 http://www.gov.cn/xin-wen/2020–11/17/content_5562082.htm。

向海经济走廊沿线的衡阳市、永州市、长沙市和常宁、邵阳等市县都把油茶产业作为"一把手"工程来抓。截至 2020 年底，湖南已培育国家林业重点龙头企业 6 家、省级龙头企业 127 家，打造了 48 个现代油茶综合产业园和特色产业园，形成了衡阳、永州等 7 个区域油茶产业集群。①

湖南的油茶产业之所以排在全国首位，是因为湖南在油茶产业科技创新方面走在全国前列。目前，国家油茶工程技术研究中心、中国油茶科创谷先后落户湖南。筛选出了油茶优良品种 34 个，其中 14 个列入《全国油茶主推品种名录》，平均亩产茶油达到 50 千克以上。湖南省林科院从 2003 年开始，收集保存了 200 多个油茶优良无性系、家系等，广西这方面远远落后于湖南。2017 年广西全区测产样地平均亩产油茶果 271.39 千克、茶油 17.93 千克。② 但是，广西油茶产业长期在低水平上徘徊。

广西壮族自治区人民政府十分重视油茶产业发展，2018 年颁布了《关于实施油茶"双千"计划助推乡村产业振兴的意见》（桂政发〔2018〕52 号），提出"全面实施千万亩油茶基地、千亿元油茶产业的'双千'计划，到 2025 年，全区茶油年产量从 2017 年的 6.5 万吨增加到 30 万吨以上，油茶产业年综合产值从 2017 年的 180 亿元增加到 1000 亿元以上"。要实现这一发展目标，除了要扩大油茶种植规模、促进产业转型升级外，最重要的是要加强科技创新，这就需要广西加强与湖南油茶科技合作，依托林业科研院所和油茶龙头企业，加

---

① 《湖南油茶为什么这么牛?》，2021 年 3 月 12 日，见 http://lyj.hunan.gov.cn/lyj/xxgk_71167/gzdt/mtkl/202103/t20210312_14806673.html。

② 《广西油茶产业跃居全国前三强》，2018 年 5 月 15 日，见 http://www.gxzf.gov.cn/sytt/20180515-694596.shtml。

强与湖南油茶科技机构和企业在油茶新品种选育、新技术研究、新产品开发以及油茶种植、采摘机械化等领域的科研攻关合作。

广西在开展油茶国际合作方面则走在全国前列。2005 年广西林业科学研究院就与泰国皇家猜帕塔纳基金会合作在"金三角"地区实施油茶替代罂粟种植计划，先后向猜帕塔纳基金会赠送三批岑软系列油茶良种，同时提供技术服务，指导完成油茶造林 8000 多亩。造林 7—8 年后，油茶林进入盛果期，当时茶籽产量曾达到广西同等水平。2017 年广西林业科学研究院又依托国家林业和草原局东盟林业合作研究中心承担外交部澜沧江—湄公河合作专项基金项目——油茶替代罂粟项目①。这一澜沧江—湄公河合作同时在泰国和越南实施，深化了我国与泰国和越南的油茶合作。可见，广西在东盟国家开展油茶国际合作积累了较好的经验，湖南可以和广西合作到东南亚开展油茶产业国际合作，然后再将这种合作推广到东盟国家。

3.农产品流通。广西的优势特色农业产业集群基本形成，初步打造形成粮食、蔗糖、水果、蔬菜、渔业、优质家畜等 1000 亿元产业，蚕桑、中药材、优质家禽等 500 亿元产业，休闲农业产值超 300 亿元，食用菌产业产值超 200 亿元，茶叶产值超 100 亿元的广西现代特色农业产业体系新格局。多个特色农业产业在全国优势地位显著，其中蔗糖产量占全国 60% 以上；蚕茧产量占全国 50% 以上，约占世界产量的 40%；横县茉莉花产量和花茶产量占全国 80% 以上、占全世界产量 60% 以上。②2020 年，广西园林水果产量达 2461 万吨，优果率达 77.98%，继续保持全国第一；蔬菜（含食用菌）产量可达 3830.77 万

---

① 《广西油茶牵手东盟潜力巨大》，《广西日报》2020 年 3 月 25 日。
② 《广西现代特色农业发展成效》，《农民日报》2020 年 12 月 11 日。

吨，增长 5.4%，① 广西作为南菜北运、西菜东运基地和全国最大秋冬菜基地的优势地位得到巩固提升。虽然湖南的农业也发达，但是，广西与湖南在农产品种类及其产量方面具有很大的差别，广西可以向湖南提供具有独特优势的农产品，如甘蔗糖、蚕丝、茉莉花茶等优势产品，以及火龙果、香蕉、芒果、柚子、荔枝等热带亚热带水果，湖南企业可以到广西投资水果、水产品、蚕茧丝绸等农产品深加工。广西从湖南购入大米、猪肉等优质农产品，合作向东盟国家出口湖南的特色农产品。

### （二）第二产业的合作领域

湖南和广西都处于工业化的中期阶段，两省区开展工业产业链和转型升级合作具有发展潜力。

1. 战略性新兴产业。湖南先进装备制造、新材料、生物、电子信息、节能环保、新能源等战略性新兴产业呈现出规模化、高端化、集聚化的发展态势，广西工业发展处于爬坡阶段，战略性新兴产业发展严重不足，但在节能环保、生物医药、新材料、新能源汽车等领域也具有一定的基础，两省区在各自领域对外扩展的需求十分明显。尤其是湖南的装备制造业在国内遥遥领先，以三一重工、中联重科、蓝思科技、中车株机等为代表的龙头企业形成了机械工程、电子信息、轨道交通、电工电气和汽车为主导的湖南五大优势产业集群。其中，形成了以长沙为中心的工程机械产业集群和电子信息产业集群，以株洲为中心的轨道交通产业集群，以长沙和湘潭为中心的汽车产业集群。从区域结构看，湖南装备制造业集中在长株潭以及衡阳地区。

---

① 《2020 年广西壮族自治区国民经济和社会发展统计公报》，2021 年 3 月 23 日，见 http://tjj.gxzf.gov.cn/zxfb/t8328844.shtml。

广西的战略性新兴产业也具有较好的基础。2019 年，仅南宁市的高新技术企业就达到 990 家，占全自治区 41.44%，其中规模以上战略性新兴产业企业数达到 159 家，占全市规模以上工业企业的 15.2%。在电子信息产业方面，拥有瑞声科技、歌尔股份、丰达电机（南宁）、胜美达电机（广西）、广西鸿盛达科技等一批龙头企业。在先进装备制造方面，拥有广西源正新能源汽车、中车南宁轨道交通装备、南南铝加工等一批龙头企业，其中前两个企业分别制造出了南宁市第一台新能源公交车、第一列地铁车辆，南南铝加工技术装备水平已进入世界同行业前 5 位。在智能制造方面，拥有广西美斯达工程机械设备、广西明匠智能系统公司等一批国内一流的智能制造企业。在新材料方面，拥有科天集团、广西金雨伞等知名企业。新型建材有广西建工集团、华润装配式建筑、广西景电装配式建筑等企业；化工材料类有广西田园生化、广西易多收生物科技、广西化工研究院、广西华锑科技、广西日星金属化工等企业。2019 年，南宁市规模以上战略性新兴产业的总产值为 482.09 亿元，占全市规模以上工业总产值的 11.21%。其中，绿色环保产业 57.26 亿元，新一代信息技术产业 277.83 亿元，生物产业 50.21 亿元，高端装备制造业 22.67 亿元，新能源产业 6.59 亿元，新材料产业 56.55 亿元，新能源汽车 10.98 亿元。湖南和广西的战略性新兴产业企业大多数处于湘桂向海经济走廊沿线，有利于两省区开展装备制造业的产业链合作，同时，双方经济社会的发展对战略性新兴产业也产生了强大的需求，双方可相互嫁接，实现互利共赢。目前，三一集团、中车株机等知名湘企在南宁市新兴产业园布局有项目并投产，广西泰源节能、柳州化学集团、柳州兴业集团、玉柴机器等知名桂企纷纷在湖南开展业务。依托湘桂向海经济走廊，构建两省区便捷的联系通道，通过建立飞地经济、共建合作园区等方式，深化战略性新兴产业的合作。重点合作建设面向东盟的电子信息产业基地和智能产业集群。依托长沙高新技术开发区、长沙经济技术开发区电子信息产业园南宁高新区、中国—东盟信息港南宁核心基地、北海电子产业园等载体，构建网络通讯、智能终端、新型显示、集成电路四大产业链。以广西北斗综合应用示范项目建设为契机，加快吸引、集聚企业，构建建设面向中国—东盟区域国际化的北斗智能产业集群及其北斗国际化产业技术与推广集聚基地。

2. 大健康产业。根据《湖南省健康产业发展规划（2016—2020年)》，湖南重点发展医疗服务、生物医药、医疗器械、中医药服务、健康养老养生、健康医疗旅游文化、健康管理与信息化、体育健身休闲、健康食品与保健品、森林康养、健康保险共十一大健康产业，规划建设省级健康产业核心园区、长株潭城市群健康产业圈、湘西湘南湘北三大片区健康产业集群。目前，长沙高新区麓谷健康产业园、湖南健康产业园区、长沙国家生物产业基地、恒大健康城等项目加快建设。与此同时，广西正在构建以健康养老、健康医疗、健康旅游产业为核心，辐射带动健康医药、健康食品、健康运动产业联动发展的"3+3"大健康产业体系，而防城港国际医学开放试验区更为区域间大健康合作提供了新的契机。在生物产业方面，拥有广西柳州医药股份、培力（南宁）药业、广西圣保堂药业、百会药业集团、广西桂林三金药业、柳州金嗓子龙头企业。食品类有桂林力源粮油食品集团、广西洋浦南华糖业集团、大海粮油工业（防城港）、中粮油脂（钦州）、嘉里粮油（防城港）、百洋水产集团、轩妈、煌上煌食品、皇氏集团、广西壮牛水牛乳业、南宁糖业、茉莉芬芳茶业、广西金花茶业等龙头企业。湘桂两省区可在湘桂向海经济走廊上选择一定区域，打造集科研教学、健康医疗、医药（材）器械展示交易、养老保健（医养结合示范）、民族药和中草药国际合作以及综合配套区（生产、生活配套，健康大数据等）等于一体，面向东盟、链接"一带一路"的区域性国际大健康产业集聚区。

3.有色金属加工。广西是铝矿资源富集区，铝原材料虽然主要在百色市生产，但是来宾、南宁、防城港和崇左市等湘桂向海经济走廊沿线也有铝原材料和铝加工基地。近年来，广西着力加快工业优化升级，持续推进铝产业"二次创业"，铝产业由低端走向高端发展持续加速，产业聚群效应逐渐增强。目前，广西建成一批铝产业重大项目，构建从铝土矿、氧化铝、电解铝、铝精深加工产业链。2018年，广西壮族自治区政府印发的《南宁高端铝产业基地建设行动计划(2018—2022年)》提出将以铝产业"科技研发—合金材料—精深加工—下游应用—成套装备"为方向，以航空交通铝合金新材料为重点，以科技创新为支撑，在南宁打造"一平台两主体五集群"，即打造铝合金新材料及应用技术研发平台，进一步做大做强广西南南铝加工有限公司、南南铝业股份有限公司等铝加工生产主体，形成高端铝合金精深加工百亿元产业群、汽车百亿元产业群、航材锻造（军民融合）配套加工百亿元产业群、轨道交通百亿元产业群、高端绿色建筑铝材百亿元产业群，将南宁打造成为我国重要的高端铝产业基地。

当前，以铝代钢，以铝节木，以铝节铜逐步获得市场认可。我国正重点在交通运输、建筑结构、电力三个领域扩大铝应用。湖南是我国的工程机械、轨道交通、建筑结构、电力设备和粮油机械等产品的生产大省，需要大量的铝产品，两省区共建高端铝加工产业链，为湖南提供相关产业零部件配套服务，对双方都是合作共赢的选择。

4.农产品加工业。广西拥有粮食、糖料蔗、水果、蔬菜、茶叶、桑蚕、食用菌、罗非鱼、肉牛肉羊、生猪等十大传统优势种养产业，并可通过边境口岸进口部分农产品。根据《广西农产品加工业提升发展规划（2018—2022 年)》，广西正加快农产品加工聚集区建设，推动农产品加工向工业园区集中；培育和引进农业龙头企业，全区重点培育和引进 50 家以上国家级农业龙头企业，培植 2000 家规模以上农产品加工企业，发展 30000 家中小微农产品加工企业。目前，广西正在引导推进自治区级、市级、县级农产品加工集聚区建设，这为在湘桂向海经济走廊沿线建立农产品加工基地提供了良好机遇。2019 年，湖南新增国家重点龙头企业 13 家、省级龙头企业 173 家，规模以上农产品加工企业达到 4950 家，销售收入超过 100 亿元的有 6 家，50亿—99 亿元的有 5 家，10 亿—49 亿元的有 85 家[①]。可推进在湘桂向海经济走廊上采取"园中园"模式，建立农产品加工产业园，将广西的优势农产品与湖南的农产品加工企业进行高效嫁接，积极推动一二三产业融合发展，有效带动农业转型升级和高质量发展。

5. 数字产业。湖南拥有"天河"系列超级计算机、飞腾 CPU+ 麒麟操作系统、高压高功率密度 IGBT 芯片及其模块等自主创新重大成果，数字经济骨干企业实力不断增强，入围"全国互联网百强"3 家、"全国软件百强"1 家、"全国电子百强"1 家，数字经济发展实力非常强。广西正在依托中国—东盟信息港、数字广西等建设，大力发展数字产业，云技术、大数据、北斗导航应用、智慧城市等数字产业，并具备了一定的基础条件。根据《广西数字经济发展规划（2018—2025 年)》，广西将构建形成"一核一轴三区多点"的发展格局（即南宁数字经济总部核心；桂林市—柳州市—南宁市—钦州市—北海市数字经济"中轴"），其正好与湘桂向海经济走廊在空间层面全面重叠。

---

① 中商产业研究院：《2019 年湖南省农村经济运行情况分析：农产品加工收入大幅提高》，2020 年 2 月 14 日，见 https://www.askci.com/news/chanye/20200214/1750071156796_2.shtml。

广西有关大数据与人工智能的研发和产业能力相对较弱，但广西与东盟国家海陆相连，并承担着打造西南中南地区开放发展新的战略支点功能，正着力打造面向东盟的"数字丝绸之路"，因此，开发利用大数据与人工智能的前景广阔、市场潜力巨大。湖南拥有大数据与人工智能开发利用的相对优势，可借广西连接东盟的优势，与广西在湘桂向海经济走廊共同建立面向东盟的大数据与人工智能开发利用基地，围绕制造业数字化、智慧城市、智慧工厂、智慧农业、智慧物流、政务服务、医养健康等领域推进智能化软件解决方案输出项目，合作开展应用基础软件、云计算软件、移动计算软件、工业软件等新兴软件及服务发展，探索软件服务与外包产业新模式。依托中国—东盟信息港南宁核心基地，在长沙高新技术开发区、南宁高新技术开发区、中马钦州产业园、北海电子工业园重点发展软件与信息技术服务业，整合引进大数据、云计算、物联网、北斗、信息安全等新一代信息技术企业，打造完整的软件研发、生产和服务体系，共同将大数据与人工智能产业推广到东盟国家。

### （三）第三产业的合作领域

在 RCEP 框架下，随着服务贸易进一步互相开放，湘桂向海经济走廊沿线第三产业也有很大的合作空间，可重点开展旅游业、现代物流业和国际贸易合作。

1. 旅游业。湘桂历史古道包含着厚重的历史文化及遗迹和丰富的人文资源，而湘桂向海经济走廊沿线的长沙、湘潭、衡阳、桂林、南宁、钦州等地旅游资源非常丰富，其间旅游景区景点众多，合作基础较好。建立湘桂历史古道旅游合作区，通过挖掘和保护古道沿线的遗址遗迹、人文典故、非物质文化遗产等的历史文化价值，合作建设一批博物馆、戏剧团、实景演出等湘桂历史古道文化展示平台。积极打破行政区域间的旅游障碍，建立具有制度性的区域旅游合作机制，联合开拓市场，整合区域旅游形象①。加强湘桂旅游线路包装和推介，捆绑推出精品旅游线路，打造生态旅游、文化旅游、民俗旅游、红色旅游等国内外知名品牌，将两省区的山水旅游、文化旅游和红色旅游融为一体，联合开发旅游产品。最大化挖掘区域旅游所蕴涵的本体价值及附加值，全面提升区域旅游的品味和内涵，塑造别具一格的区域旅游风格②。

2. 现代物流业。目前，湖南的物流主要是通过长三角、珠三角出海，而《西部陆海新通道总体规划》提出打造自重庆经怀化、柳州至北部湾出海口，并将其作为三大主通道之一，这为湖南提供了新的出海通道，湘桂向海经济走廊正好位于这条主通道上，成为强化湘桂两省区物流合作的重要支撑。广西是湖南至东盟对接"一带一路"时空上最便利的一条通道，湖南与广西合作能有效降低企业参与东盟市场竞争的运输物流成本，提高企业竞争力③。中欧班列（中国南宁—越南河内）已经开通并实现常态化运营，可在运行线路上通过湘桂向海经济走廊，进一步延伸到湖南长沙，开通中欧班列（中国长沙—中国南宁—越南河内），并与中欧班列（长沙）实现无缝衔接④。依托钦州保税港区、中国（广西）自由贸易试验区等国家平台，以湖南在钦州建设的临港工业园区及专业配套码头为支点，构建点（即钦州、长沙

---

① 肖湘君：《构建桂湘四县旅游区初探》，《科技创业月刊》2012年第1期。

② 陆仙梅：《湘桂黔边区区域旅游合作发展路径分析》，《科技通报》2015年第3期。

③ 王洪元：《湘桂合作：加快发展湖南开放型经济的新视角》，《求索》2017年第3期。

④ 中欧班列（长沙）先后开通了长沙至汉堡、布达佩斯、明斯克等10条线路，途经15个国家，物流服务覆盖30个国家，形成了东中西3条通道齐发，连接欧洲、中亚、中东，辐射我国中、东、南部地区的新格局。

等）—线（即湘桂向海经济走廊）相结合的物流大通道，进一步延伸和拓展中新（重庆）战略性互联互通示范项目的辐射范围。

随着中国与东盟国家跨境电子商务发展越来越大，广西与东盟国家多种多样的跨境电商物流模式越来越具有优势，很多跨境电商可以通过"跨境电商＋边境贸易"的模式，大大降低了跨境电商物流的成本，简化了跨境电商物流的通关模式。湖南和广西可以在广西边境地区合作建设建立面向中南半岛国家的跨境物流园，发展跨境电子商务，利用"跨境电商＋边境贸易"模式开展跨境物流配送，合作在东盟国家建立跨境电子商务海外仓，构建湖南—广西—越南—柬埔寨／老挝—泰国跨境电子商务物流网络。

3. 对外贸易。广西具有出海出边大通道，可以自己的区位优势服务湖南的对外贸易，尤其是对东盟国家的经贸合作。湖南处于内陆地区，2020 年进出口总额 4874.5 亿元，其中，出口额 3306.4 亿元，出口中国香港 571.4 亿元；出口美国 457.8 亿元；出口欧盟 357.8 亿元；出口东盟 591.0 亿元[①]。机械工程、电子信息、轨道交通、电工电气等占有较大的比重。当然，湖南出口商品可以向东走长三角港口，南下走粤港澳大湾区，也可以走湘桂向海经济走廊的广西北部湾港，而通过广西北部湾港与东盟国家开展贸易无疑是最便捷的贸易通道。在对外贸易合作方面，湖南和广西可重点在广西的沿海或沿边地区合作建设面向东盟国家的保税加工贸易产业园，重点开展工程机械、建筑机械、农业机械、船舶等重型机械的制造、维修和进出口。

---

① 《湖南省 2020 年国民经济和社会发展统计公报》，2021 年 3 月 16 日，见 http://tjj.hunan.gov.cn/hntj/m/tjgb_1/202103/t20210316_14837950.html。

# 第七章
## RCEP 框架下推进湘桂向海经济走廊建设的路径

### 一、合作机制推动

合作机制是指合作方为了实现某一目的而建立的体制与制度，或着对原有的体制、制度进行改革、完善，并且可以根据具体合作内容的变化，对合作机制进行演化、发展和升级。随着我国区域经济的发展，跨省区的经济活动越来越多，伴随而来的许多问题需要区域内各方的合作才能解决，因此，需要构建能够促进区域合作的机制。湘桂向海经济走廊从地理空间上跨越湖南和广西两个省区，是需要湖南与广西共商、共建、共享的跨省大通道，缺乏合作难以支撑走廊的长期健康持续发展。为保障湘桂向海经济走廊优势互补、资源共享、协调发展，应构建互利共赢协同合作机制。

### （一）建立湘桂向海经济走廊协调合作机制

1.建立跨省沟通协调机制。协调机制是区域合作有效开展的重要保障，是共同谋划、共同推进合作的主要机制，是使合作各方配合适当的重要沟通载体。国内主要跨省区的合作均建有沟通协调机制，并为跨省区合作的有序开展发挥了重要引导作用。如为推动京津冀协同发展，2019 年三省市建立了常务副省（市）长联席会议；为推进成渝地区双城经济圈建设，四川和重庆于 2020 年 3 月 17 日举行了第一次四川重庆党政联席会议，并提出将建立党政联席会议、协调会议、联合办公室、专项工作组"四级合作机制"①。

此外，广西参与的跨省区合作也建立了相关协调机制。如启动于 2004 年的泛珠三角区域合作②，就建立了内地省长、自治区主席和港澳行政首长联席会议制度，港澳相应人员参加的政府秘书长协调制度等多层级的跨省区沟通协调机制，以研究决定区域合作重大事宜，协调推进区域合作；此外为了落实上述两个机制的决定，保证合作有效开展，"9+2"合作各方还设立了日常工作办公室和部门衔接落实制度，负责区域合作日常工作③。珠江—西江经济带建设也建立了广东、广西推进珠江—西江经济带发展规划实施联席会议（见表 7-1）。

表 7-1　国内区域合作跨省区协调机制概况

| 区域发展战略 | 跨省区协调机制 | 参与省（自治区、直辖市） |
| --- | --- | --- |
| 长江经济带 | 长江上游地区省际协商合作联席会议 | 四川、重庆、云南、贵州、甘肃、青海 |
| | 长江中游三省常务副省长联席会 | 湖南、江西、湖北 |
| 泛珠三角区域合作 | 行政首长联席会议 | 福建、江西、湖南、广东、广西、海南、四川、贵州、云南和香港、澳门特别行政区 |

① 《四川重庆共同推进成渝地区双城经济圈建设　唱好"双城记"　建好经济圈》，《人民日报》2020 年 3 月 20 日。

② 泛珠三角区域包括福建、江西、湖南、广东、广西、海南、四川、贵州、云南等九省区和香港、澳门特别行政区，简称"9+2"合作。

③ 《泛珠三角区域合作协调机制》，2019 年 11 月 27 日，见 http://www.pprd.org.cn/fzgk/hzjz/201911/t20191127_517021.htm。

续表

| 区域发展战略 | 跨省区协调机制 | 参与省（自治区、直辖市） |
|---|---|---|
| 成渝地区双城经济圈 | 四川重庆党政联席会议 | 四川、重庆 |
| 珠江—西江经济带 | 两广推进珠江—西江经济带发展规划实施联席会议 | 广东、广西 |
| 京津冀协同发展 | 京津冀常务副省（市）长联席会议 | 北京、天津、河北 |

　　因此，为更好推进湘桂向海经济走廊建设，应推动湘桂两省区建立湘桂向海经济走廊党政联席会议定期召开，统筹谋划走廊建设重大事宜，协调走廊的长远发展。建立湘桂向海经济走廊协调工作领导小组，由副省长（副主席）任组长，成员单位由两省区发展改革、科技、工业和信息化、交通、自然资源、商务、文化和旅游、人力资源和社会保障、农业农村等相关部门以及沿线省区市人民政府组成，领导小组负责指导和协调向海经济走廊建设发展中的重大问题。同时，在两省区发改部门内设立领导小组联络办公室，负责两省区之间工作的沟通协调。

　　2. 建立高效底层合作模式。除了省级层面的机制，底层城市间的合作机制建设将更加保障区域合作政策的落实和项目的落地。如长江经济带建设建立了长江沿岸中心城市经济协调会和市长联席会机制，共有 27 个城市参与，在生态环境联防联治、沿江产业协作互动、沿江城市互联互通、联手培育对外开放新优势、联手推动管理服务共建共享等领域促进了相关合作的落地实施，极大的推动了长江经济带建设。广西参与的珠江—西江经济带建设形成了西江经济带城市共同体及市长联席会议，截至 2020 年已经举办了 5 次会议，有效促进了16 个城市间的合作。因此，应建立湘桂向海经济走廊沿线省区市县

（区）良好沟通协调机制，发挥各自优势，加强合作共建，发挥协同效应。

一是进一步深化联席会议制度，将其推广至地级市政府和部门间的协商，湘桂经济合作试验区所在地级市建立市长联席会议制度，贯彻落实重大合作事项，争取两省区相关政策支持，负责试验区建设协调工作。适时成立湘桂经济合作试验区管理机构，对试验区的开发管理及日常工作进行独立运营。

二是鼓励和支持湘桂向海经济走廊沿线省区市人民政府针对特定合作主题建立合作机制，形成高效合作模式。目前湘桂两省区相关地市已经有了相关探索，如 2009 年 3 月，桂林市与衡阳市缔结为"友好城市"，并重点加强旅游领域的合作，促进旅游合作双赢，相互开启"千车万人"互游活动，已基本形成良性互动发展态势[①]。2015 年 8 月，永州市与桂林市结成高铁旅游合作伙伴，共同签署了《永州—桂林高铁旅游合作框架协议》，建立了相应的制度和对接机制[②]。2020 年 12 月，永州市与贺州市、清远市签署《三省通衢"跨省通办"促进民族团结进步联创共建协议》，推进三地政务服务"跨省通办"[③]。因此，湘桂两省区应鼓励走廊沿线各市依托自身资源优势、发展基础和发展需求，围绕特定主题建立合作机制，深化合作的民意基础，完善湘桂向海经济走廊建设的底层设计。如可围绕招商推介、货源组织、通行便利化、物流标准化、信息化等方面，推动沿线市、区（县）相

---

① 《湖南衡阳与广西桂林"千车万人"互游促旅游消费》，2009 年 4 月 2 日，见 http://www.gov.cn/govweb/fwxx/ly/2009–04/02/content_1275374.htm。

② 《永州市与桂林市签署高铁旅游合作框架协议》，2015 年 8 月 12 日，见 http://www.hunan.gov.cn/hnyw/szdt/201508/t20150812_4798394.html。

③ 《湖南永州广东清远广西贺州三省（区）三市携手"跨省通办"合作》，2020 年 12 月 25 日，见 http://www.hunan.gov.cn/hnszf/hnyw/szdt/202012/t20201225_14065020.html。

关部门之间建立协商合作机制，共同推进湘桂向海经济走廊硬件和软件建设。

3. 构建利益共享机制。资源共享、利益共享是实现合作可持续发展的重要前提和基础。目前，国内很多区域合作在签订合作协议时虽然确定了"齐抓共管"的管理模式，但合作过程中由于责、权、利不对等，没有形成合作了利益共享机制，导致合作流于表面，难以持续发展。因此，在跨省区合作中，建立长效的利益共享机制非常重要。建设好湘桂向海经济走廊，也需要提前确定利益分配机制。走廊利益共享机制应坚持"公平、客观、共建、共享"的原则，充分考虑和保障湘桂两省区及各参与主体的合法权益，打破条块分割和原有利益壁垒，科学制定湘桂向海经济走廊产业联动发展的利益分配机制，实现合作各方收益共享、风险共担，使该机制成为激发联动主体积极性、主动性和创造性的力量。

（二）将湘桂向海经济走廊纳入国家区域重大战略范畴

争取国家改革创新政策既要符合国家战略又要发挥自身优势。加强区域合作是实现区域协调发展的重要途径之一，近年来，国家高度重视区域合作，国家发改委于 2015 年印发实施《关于进一步加强区域合作工作的指导意见》，以指导和推动区域合作。2017 年 4 月与2021 年 4 月，习近平总书记两次考察广西时均强调发展"向海经济"。在"一带一路"倡议深入推进、RCEP 签署并将付诸实施以及国家构建"双循环"新发展格局的大背景下，向海经济发展要立足于新时代西部大开发、西部陆海新通道，推动沿海与内陆互动、国内与国外结合，加快湘桂向海经济走廊建设，是探索向海经济发展新模式，高质量推进区域经济协调发展的重要举措。2021 年 3 月，我国已经正式核定 RCEP，随着其他签署国逐步核准，RCEP 将正式生效。在此背景下，湘桂向海经济走廊建设顺应了国家推进区域协调发展的趋势，能进一步推动湖南的开放发展，是湖南向南开放合作、借力出海出边、对接东盟的重要抓手，也能加快广西"北联"战略的实施，符合湘桂两省区的发展需要。因此，应积极推动将湘桂向海经济走廊纳入国家区域重大战略范畴。

1. 多渠道向国家层面建议。在 RCEP 逐步生效的背景下，充分研究湘桂向海经济走廊在 RCEP 建设中的优势、作用，在此基础上将建设湘桂向海经济走廊作为人大代表议案和政协提案向国家层面建议。湖南和广西两省区应通过多种渠道、多种方式向国家发展改革委等部门汇报，切实把湘桂向海经济走廊建设意见建议反映好，争取由国家发展改革委牵头编制《湘桂向海经济走廊总体规划》，在国务院同意后予以批复，将湘桂向海经济走廊建设上升为国家区域发展战略，努力争取更多国家政策支持。

2. 将湘桂向海经济走廊纳入西部陆海新通道。针对《西部陆海新通道总体规划》将自重庆经怀化、柳州至北部湾出海口作为主通道，由广西提出，将现有西部陆海新通道"4+6"合作机制拓展到"4+6+1"合作机制，将湖南省纳入西部陆海新通道合作机制范畴，并支持其加入。以西部陆海新通道建设为纽带，加强湘桂两省区战略协作，邀请湖南加入中新互联互通项目合作机制，将湘桂经济走廊作为中新互联互通建设的重要组成部分。依托西部陆海新通道，着力建设多个中心城市联动、产业链条内嵌融合、产学研无缝对接、经济政策高度协调的协同分工体系，加快促进主通道沿线湘桂区域资本整合、技术合作和人才流动，建立统一开放的人力资源、资本、技术、产权交易等各类要素市场，实现生产要素跨区域合理流动和优化配置。坚持"公平、

客观、共建、共享"的原则，充分考虑和保障各方的权益，打破条块
分割和原有利益壁垒，科学制定产业联动发展的利益分配机制，实现
合作各方收益共享、风险共担。

## 二、基础设施支撑

基础设施互联互通建设是加强联系、促进合作发展的前提和基
础，重视和强化基础设施的无缝对接是实现湘桂向海经济走廊协调发
展的重要支撑。在国内其他区域合作战略中，相关省区市均十分重视
全方位、立体化互联互通体系的建设。如为了融入长三角一体化发
展，安徽全面加强互联互通建设，着力推进省际断头路建设，构建了
与长三角之间以国家铁路网、高速公路网、国家高等级航道网为基
础，城际铁路、公路、水运和航空支线为补充的交通互联互通体系。
山西为对接京津冀一体化发展战略，则大力建设面向京津冀的高速铁
路、城际轨道、高速公路，构建了有效衔接的交通互联互通网络，并
加强与天津港的合作，将其作为重要的出海口。湖南则依托京港高铁
等实现与粤港澳大湾区基础设施的无缝对接。因此，为更好推进湘桂
向海经济走廊建设，应加强基础设施支撑。

### （一）推动高速铁路提档升级

合作加快湘桂铁路改造提升工程建设。加快衡阳至永州段扩能改
造工程、永州至柳州段扩能改造工程、南宁至凭祥段改造升级工程等
工程建设，加快推动湘桂铁路客运和货运分离，进一步提升线路输送
能力。推动国家纵向高铁干线通道呼南（呼和浩特至南宁）高速铁路
（湖南和广西段）动工建设。共同争取国家支持按照时速 350 千米的

标准建设南宁至衡阳高速铁路，并纳入国家"十四五"交通规划。在此基础上，根据湘桂合作需求，逐步增加高铁车次的密度，加快推进高铁公交化。疏通和完善京广、呼南和湘桂等三条高速铁路之间陆路交通和水路及航空交通网络，形成立体交通体系。

### （二）对接西部陆海新通道

2019 年，国家印发实施《西部陆海新通道总体规划》（以下简称《总体规划》），标志着西部陆海新通道建设上升为国家战略。《总体规划》提出建设自重庆经贵阳、南宁至北部湾出海口（北部湾港、洋浦港），自重庆经怀化、柳州至北部湾出海口，以及自成都经泸州（宜宾）、百色至北部湾出海口三条主通道，共同形成西部陆海新通道的主通道；重点推进一批铁路、公路基础设施项目建设等措施，并提出了涉及广西的一系列运输干线、交通枢纽重点项目，以上明确了广西作为西部陆海新通道重要节点的地位，一系列重大基础设施建设将进一步夯实广西与其他西部省份运输通道的联系。此外，《总体规划》提及北部湾多达 25 次，明确提出提升北部湾港在全国沿海港口布局中的地位，打造西部陆海新通道国际门户港；积极推进钦州等港口建设大型化、专业化、智能化集装箱泊位，提升集装箱运输服务能力；大力推进防城港等港口建设大型化干散货码头，促进干散货作业向专业化、绿色化方向发展等措施，并提出了涉及广西的一系列港航设施重点建设项目，这些将大大促进广西北部湾港口群建设，激发广西沿海地缘优势，促进广西向海经济加速崛起。

建设湘桂向海经济走廊，既可以拓展北部湾港的腹地，加快广西向海经济发展，也可以通过对接西部陆海新通道，拓展通道辐射范围，提升湖南的对外开放水平。2021 年 9 月，国家印发的《"十四五"

推进西部陆海新通道高质量建设实施方案》明确了主通道畅通高效、港航能力显著增强和通道经济初具规模等方面阶段性目标，并要求围绕主通道和重要枢纽，有针对性地进一步加快补齐基础设施短板。因此，着眼于打造"一带一路"及 RCEP 重要的综合交通枢纽和商贸物流中心，以湘桂向海经济走廊建设为契机，推进湘桂两省区合作对接西部陆海新通道，抓住西部陆海新通道加快补齐基础设施短板的机遇，以基础设施建设为纽带，进一步提升湘桂互联互通水平，把湘桂向海经济走廊打造成为南接北部湾出海大通道，北联湖南通向华中腹地，西接滇黔川渝构建贯穿亚欧的"桂渝新欧"运输大动脉，实现湘桂两省区与亚欧大陆铁路运输的无缝对接，全面融入"一带一路"战略大格局。

一是加强湘桂铁路规划建设对接，积极融入西部陆海新通道建设，大力支持通道基础设施建设，支持湘桂铁路改建工程、黔桂铁路扩能工程、涪陵至柳州铁路等项目建设，把南宁、柳州、桂林，长沙、衡阳等打造成为西部陆海新通道产业集聚、物流集散和国际消费的重要节点城市。

二是加强口岸基础设施建设，进一步提升湘桂两省区口岸开放水平。完善口岸设施设备，拓展口岸功能，提升综合服务水平，以建设湘桂向海经济走廊为载体，着力湘桂两省区全面对接西部陆海新通道口岸等合作，加快形成两省区通关一体化合作，促进通过湘桂向海经济走廊的外贸进出口货物快进快出，降低成本，增效提速。

三是加强基础设施的"软连通"。提升西部陆海新通道中北部湾出海口功能，扩大广西北部湾国际门户港的辐射范围和半径，依托湘桂向海经济走廊建设，以铁路、高速公路、水路等为链接通道，深化国际物流大通道建设。切实推动贸易便利化，在两省区海关全面推进和实施单一窗口、通关一体化、通关无纸化。湘桂合作开行长沙—广西北部湾港铁路集装箱班列、长沙—凭祥—河内铁路集装箱班列并实现常态化运行，开通长沙至中南半岛国家的公路货运直通车，加快推动湘桂经济走廊由交通、物流通道转变为经济贸易合作通道，形成通道引领、枢纽支撑、衔接高效、辐射带动的发展格局，带动实现湖南和广西经济快速发展。

四是推进铁海联运制度创新。湘桂向海经济走廊对接西部陆海新通道，很大程度上是交通物流的对接，铁海联运是对接的关键举措。因此，应合作推进铁海联运制度创新，最大程度地集约运力强、运费低等优势，争取海关总署协调相关部门进行相应制度创新：简化和统一操作手续和模式，建立统一铁海联运标准；优化物流贸易规则，实行海关口岸关区和内陆关区联动；探索建立海关、海事、铁路等多部门相互协作机制，建立简洁高效的协作制度，促进进出商品实现高效中转。在此基础上，不断健全湘桂向海经济走廊对接西部陆海新通道的多式联运制度体系。西部陆海新通道涉及铁、公、水、空多种运输方式，其要发展壮大就必须要实现各种运输方式的有效衔接，实现"一柜到底"和"一单到底"的"全程责任"运输服务。不断完善多式联运体系，加大力度支持推进铁海联运、公铁联运、国际铁路联运等运输组织形式创新，支持开展以海铁联运为主的多式联运"一单制"改革。完善国内省际间班列制度，争取提高"湘桂"班列开行密度；加密中越跨境公路货运直通车，支持中越跨境铁路集装箱班列常态化运行，完善跨境公路运输和跨境铁路联运运输方式；加快中国—东盟港口城市合作网络建设，在巩固联通新加坡、中国香港两大国际航运枢纽的基础上，开辟更多远洋航线，进一步辐射全球主要贸易航区。

（三）将湘桂向海经济走廊建设纳入中国—中南半岛经济走廊建设范畴

中国—中南半岛经济走廊是"一带一路"框架下六大经济走廊之一，也是广西参与基础好、参与程度深的经济走廊。建设湘桂向海经济走廊，可以在促进广西自身发展的基础上，提升广西参与中国—中南半岛经济走廊建设能力的同时，满足湖南以广西为纽带开拓东盟市场的需求。

因此，一方面，广西要充分发挥好中国—东盟博览会、中国—东盟商务与投资峰会、"南宁渠道"、中马"两国双园"、中泰产业园区等面向东盟开放合作平台，以及国家赋予广西的建设面向东盟的金融开放门户、中国—东盟信息港等政策组合拳作用，顺势而为、精准招商，积极促进湘桂合作，建设湘桂向海经济走廊，实现北部湾经济区与湖南的产业对接。

另一方面，依托南宁、柳州、桂林，向北衔接湖南及中南各省，向南以凭祥、东兴、靖西等边境口岸为门户，对接中国—中南半岛经济走廊，建设国际铁路、公路联运通道。如加快构建面向东盟的国际铁路大通道建设。加快推进南宁—凭祥铁路扩能改造；推动凉山—河内铁路扩能改造，促进南宁—河内跨境集装箱班列高效运行，打通经越南通往中南半岛国家的陆路通道。加快建成通往沿边口岸的靖西—龙邦、崇左—水口、隆安—硕龙等高速公路项目。积极推进百色—平孟口岸、崇靖高速—岳圩口岸、崇左—爱店口岸、南宁—上思—峒中口岸等高速公路项目规划建设工作。以铁路干线为骨架、公路集疏运网络为支撑，与中南半岛铁路、公路基础设施网络加强规划与建设衔接，实现互联互通，将湘桂向海经济走廊纳入中国—中南半岛经济走廊，拓展走廊的范围。

### （四）加强交通道路规划和建设对接

加强湘桂两省区交通道路规划和建设对接，依托铁路、公路、港口、空港等，建立并完善铁海、江海、空铁、公铁等多式联运通道，构建快捷高效交通网，形成中南与东盟国家高效衔接开放大通道的综合交通枢纽。

进一步推进广西与湖南交通道路规划和建设的对接，实施"断头路"畅通工程和"瓶颈路"拓宽工程，全面摸排湘桂两省跨区域各类"断头路"和"瓶颈路"，加快打通"断头路"，提升路网联通程度，推进"瓶颈路"改造扩容，畅通交界地区高速公路、普通道路联系。实现湘桂高水平的互联互通，构建全面支撑中南、西南地区开放发展的物流体系、全面对接粤港澳大湾区的物流体系、全面支撑西部陆海新通道发展的物流体系，形成南北通达，东西互济，衔接"一带一路"的便捷物流通道。深化与东盟各区域、各地区、各城市在各个领域的合作，以开放促合作，以合作促发展，促进区域物流一体化发展。

### 三、产业链式带动

RCEP 生效后，将促进区域内经济要素自由流动，强化成员间生产分工合作，拉动区域内消费市场扩容升级，推动区域内产业链、供应链进一步发展，形成区域产业链、供应链和价值链融合发展的新格局。因此，在 RCEP 背景下推进湘桂向海经济走廊建设，需要深挖各自产业优势，明确各自产业发展所需，积极推动两省区产业深度合作，重点加强产业链供应链领域合作，进一步推进向海经济双向飞地建设，合作推进跨国产业园区开发建设，加大力度支持民营企业双向投资。

（一）加强和创新主导产业链合作

融合是产业联动发展的前提，形成产业链合作是区域合作实现可持续发展的基础。湘桂两省区的产业基础较好，其中长株潭城市群的装备制造、轨道交通、动力机械、通用航空、重型机械、工程机械、电子信息、北斗导航、3D 打印等产业，与柳州的汽车工业、钢铁、工程机械、制药，桂林的电子工业、生物医药，以及北部湾城市群的石油化工、电子信息、有色金属、新材料等产业具有一定互补性，两省区产业结构同中有异，产业发展相辅相成。此外，RCEP 的高水平开放带动的货物贸易增长将极大激发市场对制造业相关服务的需求，如与制造业相关的研发、设计、批发零售等。因此，湘桂向海经济走廊产业布局，应积极结合 RCEP 贸易对商品的需要，立足湘桂两省区产业合作需要，通过区域主导产业链的合作，进一步优化产业空间布局，建立区域产业链条上下游联动机制，促进产业组团式承接和集群式发展。湘桂向海经济走廊建设，需要在明确走廊沿线各地主导产业的基础上，促进各地加强产业链合作，进而实现产业集群发展，辐射带动走廊沿线地区发展的目的。

1. 支持产业供应链企业双向投资。广西将湖南作为"民企入桂"的重要方向，突出商贸物流产业链集群式招商，明确招引方向，精心编制走廊发展商贸物流产业链全景图、重点企业招商地图和重点区域招商地图。针对两省区合作产业园、经济合作试验区的需要，共同开展产业专题招商，实施强招商战略，推动在新加坡、中国香港、上海、深圳等地开展湘桂经济走廊专题招商活动，带动国际国内知名企业参与湘桂经济走廊建设。集湘桂两省区各方力量，通过项目推介、定向招商、产业链招商、政府间合作等多种途径、多种方式，加快引进一批带动性强、影响力大的重点企业和重大项目，通过重大项目带动，促进湘桂经济走廊开发建设的快速启动和务实推进。如应加强湖南自贸试验区与广西自贸试验区联动发展，依托湘桂两省区自贸试验区主导产业，开展湘桂供应链、产业链合作，促进双向投资。如广西自贸试验区可立足广西现代医药流通供应链、农产品流通供应链、南宁市跨境电商供应链、陆海新通道智慧物流冷链供应链、汽车零部件流通供应链、城市生活品配送供应链等供应链等建设，充分分析湖南在这些产业链中的优势和对外合作需求，有针对性地开展招商引资。

2. 加强产业合作，实现错位发展。构建产业链合作需要合作各方立足自身优势和特色，实现错位发展。如湖南在与粤港澳大湾区合作时，立足各市州的特色优势，实现错位招商，并形成全省的招商合力。长沙市重点对接战略性新兴产业和先进制造业；怀化市重点对接商贸物流、生态文化旅游、医药健康、绿色食品等项目；张家界市重点对接休闲度假、康养等项目；益阳市重点对接数字产业化和产业数字化的项目；株洲市主要对接农副产品贸易项目等。在各自错位招商的基础上实现了全省的招商合力。

广西在与湖南合作共建湘桂向海经济走廊时，也应确定双方重点合作城市，建立注重实效的合作平台，各地市要依据自己优势和特色，实现错位招商，最终形成广西全区的招商合力，而不是全面开花；并以重点城市和合作平台为纽带，围绕产业链、供应链合作，通过项目投资、企业业务拓展等方式，提升对广西的辐射力和带动能力。鼓励湖南企业到广西投资建设飞地园区，支持三一重工、中车等湖南知名企业在广西进一步扩大投资，并与广西携手开拓 RCEP 及

"一带一路"沿线市场，合作推进湘桂向海经济走廊产业协同发展。结合南宁、桂林、柳州及钦州—北海—防城港国家级物流枢纽建设，加强走廊沿线城市间产业协作，打造湘桂产业合作平台，积极推进桂林、柳州等产业一体化，深化承接产业转移和科技成果转化合作，以走廊沿线物流枢纽城市建设支撑湘桂产业合作发展新高地建设。

此外，要想推进湘桂产业的深度合作，广西也应加强自身产业发展，提升合作能力，尤其是要大力发展临港产业，如建设南宁—钦州—防城港—北海电子信息高新技术产业带，在此基础上依托湘桂向海经济走廊建设，向北加强与湖南的电子产业对接合作；壮大广西港口装备制造、海洋装备制造、港口设备、轨道交通、通用航空、汽车制造等产业主干，打造千亿级装备制造产业，在此基础上对接湖南机械制造等优势产业，促进产业深度合作。

3.充分发挥商会作用。加大指导和扶持力度，密切政府与商会联系，进一步加强湖南省广西商会、广西湖南商会建设，充分发挥其桥梁和纽带作用。深入开展"迎老乡回故乡建家乡"活动，鼓励湘商、桂商回乡兴业，大力引导农民工返乡创业，实现企业总部、产业、资本、慈善、公益、营销渠道、专业市场、人才、科技到湘桂向海经济走廊发展。通过商会，组织寻找潜在投资企业或投资人，真正将商会这个平台建设成为集聚物流、人流、信息流等资源要素的有效手段和载体，为湘桂企业进行双向投资提供有效支撑。

4.优先推进文化旅游领域深度合作。充分深入挖掘历史人文资源，加快湘桂历史古道开发和湘桂旅游合作区建设。联合开展湘桂旅游线路包装和推介，合作推出湘桂跨省区精品旅游线路，重点开通长沙—桂林—南宁—北（海）钦（州）防（城港）高铁旅游路线，将湖南的长沙、张家界、湘潭、衡阳与广西的桂林、柳州、南宁、北海、崇左市等旅游线路对接，将两省区的山水旅游、海洋旅游、文化旅游和红色旅游融为一体。以南宁、桂林国际消费中心城市建设为载体，积极推进与湖南及各地市的旅游航空、旅游线路设计、旅游产品开发等方面的合作，加大旅游项目投资合作，支持旅游企业跨省区投资发展。充分利用中国—东盟博览会文化展、旅游展等平台，促进湘桂文旅合作不断深化，并合作开拓 RCEP 及"一带一路"沿线市场。

5. 重点推进物流产业合作对接。RCEP 生效后，将极大的带动货物贸易增长，特别是区域原产地累积，将增加中间品的交换，这将极大激发物流需求。这不仅将带动区域国家之间物流业发展，还将带动国内段物流产业发展。尤其是国际海运、航空运输、陆路运输等服务进一步扩大开放，将进一步强化区域物流网络。湘桂向海经济走廊的建设发展需要物流的有效保障和支撑，也符合广西加快建设西部陆海新通道，打造国内国际双循环重要节点枢纽的需求，也符合湖南进一步扩大开放，实施开放强省战略的需要。因此应重点推进物流产业的对接合作，湘桂两地应为本地物流产业发展提供交通运输、营商环境等软硬性基础设施，帮助物流企业推动智能管理，构建开放的物流平台等，进而促进物流产业合作发展。

一是合作促进物流增量发展。充分发挥湘桂向海经济走廊的区位优势，全面推进将西部陆海新通道海铁联运与长江水道、中欧班列等国际国内物流干线的有机衔接，湘桂两省区合作出台对开行湘桂向海经济走廊班列的支持政策，优化顶层设计，加强交流合作，形成优势互补。通过对湘桂向海经济走廊的建设，不断提升西部陆海新通道和广西北部湾港的物流增量，壮大铁海联运和跨境陆路运输两条主干线。在此基础上增开和加密北部湾港国际班轮航线，实现东盟主要港口全覆盖。

二是合作建设智慧物流平台。智慧物流系统作为一个面向未来的，具有先进、互联和智能三大特征的物流系统，已成为未来物流发展的主要方向。在硬件设施方面：统筹建立湘桂向海经济走廊现代物流体系战略规划和区域协作机制，推动海铁、海陆物流集聚区建设，打通港口、物流园区和工业园区，合理规划定位，引导现代物流业集聚。广西应深化与中远海运、新加坡港务集团（PSA）战略合作，加快完成北部湾港智慧码头建设。加快完善"铁路＋港口"智能化联运系统，取消原铁路至港口倒短费，推动钦州港疏港快速公路建设，提升转运效率。整合现有线上线下服务功能，推进钦州保税港区建设成为北部港国际航运服务中心。在信息共享方面：建立湘桂向海经济走廊沿线港口与园区信息采集、交换、共享机制，打造一体化信息共享平台，提升信息利用率。构建紧跟大数据、云计算、物联网时代的现代物流体系及多级互通信息网络。加快航运信息、港口信息、班列信息以及内陆站点信息进行链接，促进海铁联运、跨境公路、铁路运输三大板块主要线路实现信息共享。重点加快中国—东盟信息港南宁核心基地建设，推进大数据中心、信息港小镇等项目建设，打造连接中国与东盟的"信息丝绸之路"，夯实新通道信息化建设基础。在物流协作方面：完善多式联运制度，建立多式联运综合信息服务平台，促进车、船、货等高效匹配，实现一站式订舱。搭建中国—东盟港口城市合作网络物流信息平台，整合沿线省区市与东盟各主要港口码头、货主、集装箱运输企业、口岸通关等资源，提供互联网智能物流服务信息。

## （二）共建向海经济双向飞地

RCEP专门设置了中小企业和经济技术合作两章。规定各方将合作实施技术援助和能力建设项目，促进各方充分利用协定发展本国经济，使中小企业、发展中经济体更好地共享 RCEP 成果，推动区域经济高效包容发展。因此，在 RCEP 背景下推进湘桂向海经济走廊建设，应高度重视企业的作用发挥。应全面梳理湖南企业在广西、广西企业在湖南的投资情况，发挥龙头企业带动两省区下游产业合作。沿湘桂高铁线、高速公路等，规划布局一批各具特色的产业园区，推动沿线现有工业园区提档升级。大力发展飞地经济，采取"园中园"的模式，积极推动建设飞地产业园。

一是推动湖南企业到广西投资建设飞地园区。合作推动湖南企业在广西的沿海地区、边境地区建立生产基地、服务基地和出口加工基地。首先，加快钦州（湖南）临港产业园建设，打造成为湘桂深化合作的样板。钦州（湖南）临港产业园是钦州港综合物流加工区的"园中园"，于 2009 年 6 月湘桂两省区政府签署《关于湖南省在广西钦州市建设临港工业园区及专业配套码头的框架协议》后开始建设，经过多年建设，已具备了良好的合作基础，因此应把钦州（湖南）临港产业园作为湘桂向海经济走廊的核心节点来打造，通过示范带动走廊其他领域合作。其次，探索在北海、防城港建设湖南的飞地园区，将其打造成为湘桂向海经济走廊的合作示范区。可以借鉴深汕特别合作区的建设模式，由湘桂两省区合作共建飞地园区，确定明确的利益分配机制，如深汕特别合作区成立之初，GDP 分成按照深圳与汕尾 7∶3 的比例分配，利益分成深汕各占 25%，剩下的 50% 归合作区。2018 年，合作区调整利益分配模式，GDP 全部纳入深圳，利益分成全部归合作区①。湘桂两省区可以通过协商确定明确的利益分成机制，在

---

① 王帆：《深汕合作区利益分配机制明确：分成暂归合作区》，2018 年 6 月 20 日，见 https://www.sohu.com/a/236692697_115124。

此基础上，明确产业合作重点，打造产业链式合作，并协商制定支持飞地园区产业发展的措施，将其打造成为湘桂向海经济走廊的示范区。

此外，加大对重点产业龙头企业的扶持力度，支持龙头企业自身做大做强，重点支持三一重工、中车等汽车、工程机械等湖南的龙头企业、知名企业到湖南在广西的飞地园区进一步扩大投资，并与广西携手开拓 RCEP 及"一带一路"沿线市场。广西应做好龙头企业及配套企业的跟踪服务，加强研发适合市场需要、群众需求的新产品，推动重点产业龙头企业提高生产效能效益。鼓励龙头企业在全国范围内通过合作、控股、参股等多种资本整合手段，引进供应商或合作伙伴在广西注册经营，所引进企业实缴注册资本达到 1000 万元以上且投资产业不涉及禁止和限制类的，按实际投资额的 1% 给予原有企业一次性奖励。不断促进优势中小型重点产业企业扩大规模，建立健全大中小企业协作配套机制体系。

二是鼓励广西企业在湖南建立内陆"无水港"，重点推进装备制造、工程机械、汽车、电子信息产业等领域合作，将长株潭城市群和广西北部湾经济区对接起来，共同打造湘桂优势特色产业基地。推进广西工程机械、电子信息、生物制药、环保节能、房地产开发、现代服务业等领域在湖南的投资，支持广西泰源节能有限公司、柳州化学集团有限公司、柳州兴业集团、玉柴机器专卖发展有限公司等知名实力桂企入湘进一步扩大投资，支持广西更多重点龙头企业入湘拓展业务、开拓市场。

（三）合作推进跨区、跨国产业园区合作开发建设

共建省际产业合作平台是促进区域合作发展的重点领域和突破

口，通过共建产业合作平台实现了产业跨区域转移和生产要素的双向流动。如安徽滁州市与江苏中新产业园共建了中新苏滁现代产业园，该园区成为安徽借力长三角一体化实现高质量发展的重要窗口和示范平台。江西省与深圳市也共建了吉安（深圳）产业园，目前园区正在建设中。

在湘桂向海经济走廊框架下，两省区可以沿湘桂高铁、高速公路布局各具特色的产业园区，在湘桂两省区交界处共建产业园区，推动湘南湘西承接产业转移示范区等沿线现有工业园区提档升级；加快钦州（湖南）临港产业园建设，打造湘桂深化合作新标杆。

1. 探索建立湘桂经济合作试验区。按照大思路布局、大产业带动、大资源整合的发展思路，在湘桂两省区交界处合作共建产业园区。借鉴粤桂合作特别试验区、湘粤开放合作试验区的经验，在桂林市与永州市交界处划出一定面积的区域，按照"统一规划、合作共建、利益共享"原则，规划建设湘桂经济合作试验区。目前广西桂林市全州县主动与湖南永州市零陵区联系，双方就在湖南零陵与广西全州交界处设立跨省区的湘桂经济合作区、开展中西部区域经济合作事宜进行了多轮洽商，并草拟了《关于建设中西部区域经济合作示范区（湖南·零陵与广西·全州经济合作示范区）的框架协议》，为开展区域经济合作奠定了良好基础。可以此为基础，探索建立湘桂经济合作试验区，推动一批以面向东盟为重点的工程机械、建筑机械、汽车、农产品加工、生物医药、环保产业、大健康产业等方面重大项目落地，带动两省区配套产业协同发展，共同构建湘桂经济走廊产业合作体系。

2. 合作建设跨国产业园区。加强湖南自贸试验区与广西自贸试验区联动发展，支持企业相互投资、技术创新合作共享，合作推进跨国产业园区开发建设。发挥广西独特的沿边区位优势，与湖南合作在广西边境地区打造"两头在外"特殊产业模式，按照"一线放开、二线管住"的开放模式，设立保税园区、出口加工区、边境工业园区等特殊监管区域，充分利用越南劳工资源。鼓励民间资本在广西边境地区建设跨境经济合作区，或在中越两国边境地区分别建设产业园区，把湖南作为广西"百企入边"的重点招商对象，引导湖南企业落户广西边境地区，开展跨境投资，形成国际产业合作，合作服务国家"双循环"战略。

3.加强现有园区的合作。依托物流园区的平台和载体功能，积极推动北部湾港口与长沙北物流园区、长沙空港物流园区、株洲铜塘湾物流园区、湘潭荷塘现代综合物流园区、衡阳白沙洲物流园区、永州物流园区、怀化经开区物流园区等湖南省一级交通运输物流园区的物流合作，吸引湖南全省物流资源通过北部湾港口出海，并将北部湾港口作为全球货物入湘的重要节点。

合作建设湘桂向海经济走廊配套的国际物流设施，加快中新南宁国际物流园等建设，积极推动南宁综合保税区、广西钦州保税港区、广西凭祥综合保税区、北海综合保税区、长沙黄花综合保税区、湘潭综合保税区、衡阳综合保税区等综合保税区建立战略联盟，推动综合信息平台共建或联网，合作推进通关一体化。加快南宁、长沙陆港型国家物流枢纽的建设和联动，两省区合作在湖南省长沙、衡阳、永州等市建设"无水港""内陆港口"，加强湖南各港口与北部湾港联动发展，强化货源组织与物流集聚，深化湘桂两地平台对接融合。建立湘桂跨区域查验机制协作，推进"一次申报、一次查验、一次放行"，实现"信息互换、监管互认、执法互助"和单一窗口，提高通关速度，节省物流成本。

## 四、要素聚合驱动

实现要素在区域内的便捷流动是跨省区合作持续推进的重要保障。RCEP将构建良好的营商环境上升为国际义务，国家和地方都是履行义务的重要主体。在此背景下，湘桂向海经济走廊建设需要湘桂两省区不断提升地方治理能力，构建开放、公平、透明、便利的营商环境，在此基础上，湘桂向海经济走廊建设也应坚持要素聚合驱动，在不断优化营商环境的基础上，满足走廊经济活动自由、便捷、多元化的发展需求。

### （一）建设湘桂供应链科技创新走廊

加强湘桂创新科技合作，合作建设供应链科技创新走廊，打造走廊创新体系，共建创新创业"孵化器"。合作设立"湘桂向海经济走廊创新孵化发展基金"，扶持相关研发机构将科技成果孵化转化项目落地湘桂向海经济走廊沿线，支持湖南各类技术创新孵化机构在广西建立研发中心和"创新飞地"，也鼓励广西有实力的创新机构入驻湖南，实现湘桂向海经济走廊"引智、引技、引资、引企"四位一体融合发展。共建共享技术创新体系，建立高端人才和创新团队引进激励机制，对引进落地战略性新兴产业研发项目给予资金扶持。在此基础上，积极对接RCEP，加强与RCEP相关国家的科技合作。

创新引才用才方式，积极引进各类高端人才向湘桂向海经济走廊集聚。创新科技合作方式，共同商定湘桂本级科技计划项目资金相互拨付两省区科研机构和单位等各类政策，将"人才引进"战略前移，异地用才。聘请一批退休高端人才，为湘桂向海经济走廊建设提供人才保障。大力发展职业教育，为湘桂向海经济走廊产业发展培养高素质产业工人队伍。加快发展"订单式"职业教育，支持湘桂职业院校间加强合作，建立一批高技能人才培养基地、实训基地，为走廊产业发展提供高素质技能人才支撑。

（二）合作项目要素导入攻坚

加大要素市场化改革力度，充分发挥市场机制，提升湘桂向海经济走廊市场化开发运营水平。抓住企业最关心的用地、用电、用气、用水、物流等关键点，进一步消除体制机制障碍，促进各类要素更加自由流动。

精准有效落实减税降费各项政策，杜绝拖欠承诺拨付给企业奖励性资金现象发生。积极与电力、能源系统加大协调力度，理顺电价、气价、水价形成机制，降低过路过桥费、港口收费等，让企业有获得感，实实在在享受到改革带来的好处，增强企业发展动力。

全面解决企业融资问题。利用来桂投资的湖南集团企业总部（以下简称集团总部）信用资源，推进"资金入桂"和"信用入桂"，帮助解决入桂新设公司融资问题。区内银行联合集团总部开户银行发放异地银团贷款，共同解决入桂新设公司银行授信额度不足问题，帮助企业获得银行贷款。区内银行发放集团总部担保贷款，解决入桂新设公司资信不足问题，支持企业经营发展。银行发放集团总部与子公司共同借款人融资，满足缺乏现金流的入桂新设公司资金需求。银行采取占用集团总部授信应收账款融资方式，向集团总部统一销售、纯生产型入桂下属公司提供日常经营周转资金支持。

打造湘桂智力集聚基地。围绕湘桂向海经济走廊建设需求，支持广西高校主动与中南大学、湖南大学等湖南知名院校合作，强化人才供给及培养，保障湘桂向海经济走廊的人才需求。

加强政策先行先试。按照"政策叠加、择优适用、先行先试"原则，制定统一的招商政策，联合制定支持湘桂向海经济合作试验区的相关政策、商讨定出台关于建设湘桂向海经济走廊的指导意见及相关措施》等政策文件，并在土地利用、产业、财税、金融、人才、行政审批、电价等方面开展先行先试。完善新型区域合作关系，鼓励湖南、广西在服务贸易自由化、贸易投资便利化、人才交流、创新创业等领域"先行先试"加快打造湘桂向海经济走廊特色化协同体系。

(三) 创建一批旗舰型合作模式

一是打造支持政策共享模式。发挥中国—东盟合作机制、西部陆海新通道以及沿海沿边内陆开放、自贸区等政策优势，统筹调动各地开放口岸、海关特殊监管区域及保税监管场所、跨境经济合作区等平台资源，争取在湘桂向海经济走廊可以适用。赋予湘桂向海经济走廊合作试验区共享两省区及所在市的相关政策并择优适用，两省区在产业和基础设施项目、用地、金融等方面予以试验区更多的政策支持。湘桂经济合作试验区积极推广自贸试验区的创新举措，支持广西自贸试验区相关政策措施在湘桂经济合作试验区实现共享。争取将北部湾港列为启运港退税政策（离境港）试点，湘桂向海经济走廊沿线有条件的内陆港作为启运港。

二是打造市场运作模式。支持吸引社会资本与主体参与湘桂向海经济走廊开发建设、招商引资、管理运作。积极探索采取一级土地开发模式，在走廊沿线建立各类园区，由龙头企业主导对相对独立的产业园区进行开发、管理运作。

三是打造跨境物流合作模式。可复制可推广经验是全面创新改革试验的重大要求和重要成果形式。近年来，随着中欧班列、中亚班列的不断开行，推动双边贸易快速发展，成为国际物流中陆路运输的骨干方式。中欧班列运行积累了大量成功做法，可以复制推广到湘桂向海经济走廊中运用。例如借鉴中欧班列"五定班列"制度，积极开行长沙—广西北部湾港铁路集装箱班列、长沙—凭祥—河内铁路集装箱班列，并积极协调沿线国家铁路部门列车时刻表，实行"定点（装车地点）、定线（固定运行线）、定车次、定时（固定到发时间）、定价（运输价格）"的集装箱"五定班列"制度。还可以在湘桂向海经济走廊积极复制推广优化"进口直通""出口直放"等工作机制和关铁通、铁路直通属地等先进监管经验。

四是探索发展海外仓模式。以湘桂向海经济走廊建设为契机，探索推动湘桂两省区外贸企业要适时"走出去"，优先在市场相对成熟的 RCEP 成员国率先建立海外仓，拓展境外营销渠道和品类，通过线上线下互动，实现国内国外联动，不断扩大影响力和市场份额。通过在海外租用仓库建立海外仓，或进驻海外保税区，融入境外零售体系并提供售后服务，以保证产品品质，提升跨境电子商务业务的成交量，并同时提高物流配送速度，降低运输成本，提高顾客满意度，改善客户体验，巩固本土顾客基础。

五、圈层式合作促进

经济走廊一般跨越多个行政区域，其建设发展需要走廊沿线核心城市、节点城市等有效支撑，并在城市支撑的基础上形成合作圈层，由点到轴、由点到圈的推进合作，促进经济走廊建设。湘桂向海经济走廊横穿湘桂两省区，地理空间跨度较大，需要多个核心城镇组团的支撑。因此，一方面需要打造湘桂向海经济核心城镇组团，在此基础上共建点轴型湘桂向海城镇圈；另一方面需要加强对外合作，积极融入粤港澳大湾区—北部湾—孟加拉湾经济走廊。

### （一）打造湘桂向海经济核心城镇组团

湘桂向海经济走廊横穿湘桂两省区，地理空间跨度较大，需要多个核心城镇组团的支撑。一是加快建设长株潭城市群。长株潭城市群是湘桂向海经济走廊湖南内的核心城镇组团。应加快构建长株潭城市群产业一体化体系，全面增强产业综合实力。推动平台共建，持续放大长株潭自主创新示范区、"中国制造 2025"试点示范城市群等平台效应，助推智能制造等产业加快发展。推进长沙临空经济示范区、南部片区与株洲云龙新城、湘潭雨湖工业集中区联动发展。推动业态共商，按照湖南省 20 条产业链总体部署，重点打造智能制造、轨道交通、新材料、航空航天装备等世界级产业集群，形成在全国乃至全球拥有强劲竞争力的产业链条、拳头产品。推动市场共享，以智能制造、轨道交通、军民融合等产业为重点，突出政府主导、企业主体、抱团发展，支持三市联合开拓国内市场，鼓励抢占海外市场。在此基础上，通过湘桂向海经济走廊，将长株潭城市群打造成为走廊的重要产业集聚地、北部湾港重要货源地等，成为向海经济走廊建设的重要一端。

二是加快建设北部湾城市群。北部湾城市群是湘桂向海经济走廊广西境内的核心城镇组团。首先，推动《北部湾城市群发展规划》的有效落实，突破行政区划界限，以广东湛江市、广西北海市等为重点区域建立北部湾城市群一体化发展示范区。争取国家尽快批复建设合浦至湛江铁路等项目。为促进产业要素跨省域分布，争取从国家层面协调，由广东省内擅长园区运营的国有企业深业集团作为示范区，协同发展联盟主席单位，以品牌投入、管理投入、资产投入、产业投入等方式，与湛江、北海主要产业园区共同建设产业协同创新发展基地，全面负责园区开发建设和运营服务，助力示范区加快发展。

其次，加快推进北钦防一体化发展。把握新时代区域一体化高水平开放、高质量发展、高品质宜居的新要求，以改革创新为统领、以开放合作为动力，加快推进北钦防一体化交通基础设施建设，加快三市交通一体化水平。突出强化北部湾整体意识，合作推进北部湾港提质增能。以西部陆海新通道、湘桂向海经济走廊等为引擎，不断拓展北部湾港的腹地纵深，吸引更多更稳定的货源；北部湾港也应不断增加面向 RCEP 成员国的外贸航线，尤其是直航航线，提升三市港口一体化发展水平；合理布局临港产业，实现三市产业错位发展和集群发展，提升产业一体化发展水平。寻找三市各扬所长、错位协作、全面融合的最大公约数，努力推动北钦防沿海三市一体化建设，打造湘桂向海经济走廊海洋圈核心示范区。

### （二）共建点轴型湘桂向海城镇圈

在打造以长株潭城市群、北部湾城市群为核心的向海经济城镇组团的基础上，以湘桂铁路和洛湛铁路（湘桂段）为轴线，打造南宁—柳州—桂林—长沙 4 个中心城市联结的发展轴带，将长株潭城市群、北部湾城市群连接起来，形成点轴型湘桂向海城镇圈。

结合广西强首府战略等的实施，加快建设南宁、柳州超大城市和桂林特大城市，推进南宁市率先发展、建成广西"首善之区"和区域性国际城市，加快柳州新型工业化步伐、建成广西现代工业城市，加快推进桂林国家旅游综合改革试验区建设、打造国际旅游重要目的地，形成以南宁、柳州、桂林三个都市经济圈为中心的发展主轴，构建首府并推动首府、桂中、桂北三大都市经济圈连接融合，突出发展都市经济，壮大经济增长极，加速人口和产业集聚，形成大都市经济圈格局。通过交通互联、产业协作、市场共建等，将长沙纳入南宁—柳州—桂林发展轴，并在此基础上，拉动周边县域经济，力推都市经济圈与县域经济融合互动发展，打造湘桂向海经济走廊的支撑轴。

### （三）融入粤港澳大湾区—北部湾—孟加拉湾经济走廊

粤港澳大湾区—北部湾—孟加拉湾经济走廊（以下简称三湾走廊）是指建设自粤港澳大湾区经北部湾、越南、老挝、泰国、缅甸至孟加拉湾的陆路大通道，依托粤港澳大湾区的经济增长引擎推动环孟加拉湾经合组织、北部湾城市群与粤港澳大湾区之间的资源、技术、资金、人才和信息相互流动，形成交通和能源互联互通、产业互补发展的经济走廊。该走廊将辐射广东、广西、海南、云南、越南北部、老挝、泰国、缅甸，人口约 2.5 亿人的经济区域，并将延伸影响到孟加拉国、印度等十几亿人口的南亚国家。湘桂向海经济走廊是以长株潭城市群、北部湾城市群为枢纽，以湘桂铁路和洛湛铁路（湘桂段）为轴线，以沿线重要节点城市为核心覆盖区的开放型经济走廊。北部湾是三湾走廊与湘桂向海经济走廊的交汇点，也是湘桂向海经济走廊融入三湾走廊的衔接点。因此应从全球视角和地缘政治视角，积极推进湘桂向海经济走廊融入三湾走廊。

一是分段建设，逐步对接。首先推进湘桂向海经济走廊与粤港澳大湾区和北部湾城市群经济走廊建设，实现湘桂向海经济走廊与两个国家发展战略的对接，完善交通基础设施互联互通。其次推进中国—越南—老挝—泰国—缅甸经济走廊，重点推进防城港—越南河内—老挝琅勃拉邦—泰国清迈—缅甸勃生港段的铁路、公路、港口等交通设施建设，加快建设广西北部湾港和缅甸勃生海港两大港口群，通过铁路、公路将两个港口对接，便于开展港铁、港公、港管多式联运，即使缅甸—孟加拉国—印度段推进困难、皎漂港运行受阻，经济走廊可以通过防城港—铁路—缅甸勃生港与孟加拉国吉大港、印度加尔各答、金奈港等与南亚、中东地区对接。最后合作推进缅甸—孟加拉—印度段建设。

二是优先推进重点产业对接。首先，建设孟加拉湾—北部湾—粤港澳大湾区／湘桂向海经济走廊油气管道，加强油气产业合作。泰国、老挝和中国每年都需要进口大量的油气产品。合作建设粤港澳大湾区—茂名—钦州—东兴—河内—琅勃拉邦—清迈—仰光—勃生（或皎漂）原油管道、成品油管道和天然气管道，将中东、非洲或孟加拉湾的原油、天然气输送到泰国、老挝、越南和中国华南地区，成品油和石化产品可以反向输送到孟加拉湾地区，形成孟加拉湾—北部湾和珠三角油气管道网络，推动在北部湾经济区沿海三市打造万亿级油气产业战略保障，发展以钦州为核心，以北海为重点的绿色石化产业，促进钦州石化产业园区、北海铁山港工业区石化产业园区联动发展，并以北部湾为中转，利用湘桂向海经济走廊的交通体系，满足湖南等中南省区的原油、天然气需求，其成品油和石化产品也可在北部湾中转对接孟加拉湾和粤港湾大湾区，实行共建共享共营。在此基础上，争取国家支持北海石化产业基地列入茂湛石化产业基地范围，形成茂湛北石化基地。

其次，建设孟加拉湾—北部湾—粤港澳大湾区／湘桂向海经济走廊电力网络。建设以广西核电、越南煤电、缅甸老挝水电为主的电源集聚区。建设加尔各答—达卡—曼德勒—清迈—琅勃拉邦—河内—防城港—粤港澳大湾区／湘桂向海经济走廊特高压骨干网架，形成珠三角／湘桂向海经济走廊—北部湾—孟加拉湾特高压输变电网络，将电力输送给湖南、粤港澳大湾区、泰国、柬埔寨、越南、孟加拉国、印度等国家和地区。

三是推进沿线国家的互信。充分发挥广西在与东盟国家及 RCEP 成员国交流合作中的优势，促进和推动中国与三湾走廊沿线国家的媒体交流，大力宣传习近平主席提出的构建人类命运共同体、建立新型国际关系的理念。加强三湾走廊沿线国家的文化交流与合作，增进各国人民文化互信。加强中国与沿线国家政策协同、通关便利、科技交流、金融合作、国际扶贫、人文交流、跨境安全治理等多领域的交流与合作，不断提升政治互信水平，为相关合作的开展提供保障。

## 六、制度创新保障

制度保障是相关政策、规划得以落实，相关项目得以有效推进的关键一环。湘桂向海经济走廊建设的顺利推进也需要一系列的措施来加以保障。作为新生事物，需要充分借鉴国内相关区域合作的制度，加大制度创新力度，在此基础上立足经济走廊建设所需，需要加强财政金融支持政策制度、市场化运作制度、高水平开放管理体制的建设，保障湘桂向海经济走廊建设的有序推进。

### （一）进一步加大制度创新力度

针对湘桂向海经济走廊建设发展的需要，制定政策清单，湘桂两省区合作积极向国家争取政策支持。进一步加大与国家相关部门的对接，通过深入分析重大战略或重大政策，及时开展重大项目策划和细化政策创新，对于无法通过广西和湖南自身力量达成的事项，积极向国家相关部门寻求支持。积极争取国家层面对湘桂向海经济走廊的政策支持，全面贯彻落实《中共中央 国务院关于新时代推进西部大开发形成新格局的指导意见》，加紧制定出台配套支持政策文件。争取粤港澳大湾区相关政策延伸至建设南宁智慧物流交易结算中心等国家层面政策支持。发挥中国—东盟合作机制、中新互联互通项目以及沿海沿边内陆开放、自贸区等政策优势，统筹调动各地开放口岸、海关特殊监管区域及保税监管场所、跨境经济合作区等平台资源。争取将北部湾港列为启运港退税政策（离境港）试点，沿线有条件的内陆港作为启运港。

争取国家支持建设南宁智慧物流交易结算中心建设。随着南宁玉洞交通物流中心、南宁沙井铁路物流基地、南宁综合保税区、中新南宁国际物流园、中国（南宁）跨境电商综合试验区等园区（项目）建成投入使用，南宁市作为国际物流节点的作用将大大增强，需要建设具备物流、金融、科技、研究等功能的物流交易结算中心。湘桂向海经济走廊建设也需要结算中心的支撑，因此，应积极推进南宁智慧物流交易结算中心建设，充分利用国内与东盟两大市场和资源，探索推动商流、物流、信息流和资金流"四流合一"的新模式、新机制；积极探索提出由出海物流新通道到资金融通新通道（可结合广西建设面向东盟的金融开放门户）的"广西方案"，打造高质量的湘桂向海经济走廊。

### （二）完善财政金融支持政策制度

在当前国内经济下行压力增大、中西部地区融资难度增大的宏观形势下，湘桂向海经济走廊的建设需要有力的财政金融支持。湘桂两省区应准确把握"一带一路"、RCEP签署、双循环新发展格局的构建、新一轮西部大开发、陆海新通道建设等大好机会，推动湘桂向海经济走廊建设与"一带一路"框架下的中国—中南半岛经济走廊、西部陆海新通道等全面对接，争取纳入这些战略，在此基础上积极向中央争取金融政策支持，争取亚洲基础设施投资银行、丝路基金、亚洲开发银行等国际金融平台的金融支持，集中力量解决湘桂向海经济走廊建设关键项目的融资问题。国家层面和地方政府层面都应积极推动金融部门支持湘桂向海经济走廊建设，在扩大人民币跨境使用、促进贸易和物流企业与银行业金融机构的供需对接、金融机构建立常态化合作机制等方面加强合作，解决湘桂向海经济走廊关键物流节点城市基础设施建设滞后、物流贸易企业融资难、跨区域跨领域金融需求无法满足等问题，为走廊的建设和发展注入新动力。要加快建设以南宁为核心的面向东盟的金融开放门户建设，建立面向东盟、服务RCEP和"一带一路"的股权产权交易、金融资产交易、大宗商品交易、期货交易等金融市场平台，为湘桂向海经济建设和发展提供长期、稳定的国际金融环境。

## （三）建立健全市场化运作制度

建立运营平台开放合作制度。探索建立湘桂合资的平台公司，同时建立湘桂向海经济走廊的二级平台公司，平台控股比例由湘桂两省区协商确定，由平台公司按照市场化需求和标准来推进湘桂向海经济走廊建设。并充分发挥平台企业作用，探索量价挂钩的冲量优惠制度，进一步开放运营资源和政策红利。

### （四）探索建立高水平开放管理体制

党的十九届五中全会提出，"实施自由贸易区提升战略，构建面向全球的高标准自由贸易区网络"。RCEP 的签署标志着我国自贸区战略实施进入新阶段，并立足"扩围""提质""增效"3 个方面实现全方位提升自贸区的建设水平。湘桂向海经济走廊是一个开放的合作平台，应充分利用广西和湖南自贸试验区建设机遇，不断推进两省区自贸试验区积极对接 RCEP 的标准、规则，立足湘桂向海经济走廊沿线重点产业发展的需要，积极探索建设高水平的开放管理机制。重点深化在服务业开放、金融开放和创新、投资贸易便利化、事中事后监管等方面的先行先试。如利用 RCEP 成员国在广西设立的驻南宁总领事馆或商务联络处的契机，探索在对方国家级商务部门中或者所在地附近设立"一个窗口"，受理中国与 RCEP 成员国之间贸易投资业务审批手续机构，建立"东盟外资引进来"和"我国企业走出去"机制。创新人员、货物和车辆出入境管理制度，对出入境人员实行分类管理，对到湘桂向海经济走廊沿线各地的投资者、高级管理人员、科技人员等实行简化审批、允许长期居留等制度；对于货物通关便利化，重点改进跨境电商国际物流的进出口管理制度；改进国际道路运输车辆出入境管理制度，简化私人车辆出入境手续。

责任编辑：曹　春

封面设计：汪　莹

**图书在版编目（CIP）数据**

RCEP 背景下构建湘桂向海经济走廊研究／陈立生等 著 . —北京：
人民出版社，2021.12
ISBN 978－7－01－024312－2

I.① R… 　Ⅱ.①陈… 　Ⅲ.①海洋经济－区域经济发展－研究－湖南
②海洋经济－区域经济发展－研究－广西 　Ⅳ.① F127.67

中国版本图书馆 CIP 数据核字（2021）第 257208 号

**RCEP 背景下构建湘桂向海经济走廊研究**
RCEP BEIJING XIA GOUJIAN XIANGGUI XIANGHAI JINGJI ZOULANG YANJIU

陈立生　廖欣　等　著

**人民出版社** 出版发行
（100706　北京市东城区隆福寺街 99 号）

北京盛通印刷股份有限公司印刷　新华书店经销

2021 年 12 月第 1 版　2021 年 12 月北京第 1 次印刷
开本：710 毫米 ×1000 毫米 1/16　印张：16.25
字数：203 千字

ISBN 978－7－01－024312－2　定价：88.00 元

邮购地址 100706　北京市东城区隆福寺街 99 号
人民东方图书销售中心　电话（010）65250042　65289539